초등 혼자
매일 공부

즐겁게 시작해서 꾸준하게
지속 가능한 초등 공부 습관 교육

초등 혼자
매일 공부

김은영 지음

블루무스

'집 공부'라는 어려운 길을 가는 이유

이 책의 원고 작업이 중반부로 접어들 무렵, 코로나19 바이러스로 전 세계는 패닉 상태에 빠졌습니다. 평범한 일상은 사치가 되어버린 지 오래입니다. 기존 독감처럼 기온이 상승하면 한풀 꺾일 거라던 예상과 달리 폭염에도 기승을 부리는 바이러스 때문에 아이들은 학교며 유치원이며 학원이며 어느 것 하나 마음 편히 다닐 수 없는 상황에 이르렀습니다. 집을 제외한 모든 곳은 바이러스를 걱정해야 하고, 아이들은 물론 성인들도 감염 위기로 불안에 떨어야 합니다.

무엇보다 아이들 교육이 큰 문제입니다. 공교육이 온라인 수업으로 대체되면서 아이들도 학교도 어려움을 겪고 있고, 학부모는 아이의 학습 결손을 걱정해야 합니다.

하지만 저희 집은 교육만큼은 평소와 그리 다르지 않습니다. 그동안 다져온 집 공부 덕분에 코로나의 위기에도 흔들리거나 방황하지 않습니다. 저는 이제 공부하라는 잔소리가 필요 없어졌습니다. 아이들은 매일 아침 눈 뜨면 부스스한 모습으로 거실 책상에 앉아 연산 학습지부터 펼칩니다. 아이들에게 아침 공부는 매일 하는 양치질처럼 당연히 해야 하는 습관입니다. 덕분에 저는 아이들이 제대로 공부하고 있는지 부지런히 확인하지 않아도 됩니다. 오늘도 우리 집 공부 시스템은 저절로 굴러가고 있으니까요.

사교육에 전적으로 의존하며 학원 순례를 하던 상황이었다면 갑작스럽게 닥친 이 상황을 어떻게 헤쳐나가야 할지 몰라 막막했을지도 모릅니다. 하지만 지금까지 해온 집 공부 덕분에 교육은 평소처럼 흘러갑니다. 학기가 끝나고 방학을 맞이한 것처럼, 아이들 스스로 숙제하고 공부하면서 이 위기가 잘 지나가기를 바랍니다.

솔직히 불안하지 않았다고 하면 거짓말이겠지요. 학원을 순례하며 각종 경시대회에서 수상한 옆집 아이 소식이나 혹은 대형 학원에 다니며 우수한 성적을 거두는 아이 친구들을 볼 때면 부럽기도 하고 때론 흔들리기도 했습니다. 주위에서 수준 높은 선행 학습 이야기를 들으면 과연 이 길이 옳은 걸까 하고 자문하는 일도 많았습니다.

하지만 모든 일에는 순서가 있다고 생각합니다. 매서운 겨울이 지나야 따뜻한 봄이 옵니다. 따스한 봄에 씨앗을 뿌리면 싹이 트고 나무가 되어 많은 열매를 맺을 수 있습니다. 아이 스스로 하는 집 공부는 따스한 봄에 심는 씨앗과 같다고 생각합니다. 부모의 적당한 관심과 손길은 비옥한 땅이 되는 셈이지요. 비옥한 땅에 빛나는 씨앗을 심어 놓아야 적기에 사교육이라는 영양분이 더해져 싱그러운 식물로 자라납니다. 비옥한 땅도 없이, 씨앗을 심지도 않고, 열매를 맺기를 바랄 수는 없습니다. 씨앗은 심지도 않고 카더라 통신에 선택한 학원에 끌려다니는 아이는 엄마의 불안에 흔들리고, 흔들리는 엄마는 방향성을 잃어 깊은 고민에 빠집니다. 이렇게 바람 잘 날 없는 나무가 되도록 내버려 둘 수는 없다고 생각합니다.

교육에 대한 원대한 목표나 세세하고 구체적인 계획이 없어도 괜찮습니다. 스스로 집 공부하는 습관부터 잡아주세요. 그 적기는 바로 초등입니다. 그래야 학교에서, 학원에서도 빛을 발하는 자기주도 학습을 기를 수 있습니다. 사교육보다 집 공부 습관이 더 중요한 이유가 여기에 있습니다.

일단 집 공부로 씨앗을 심어보세요. 집 공부 습관 씨앗을 심어서 예쁜 꽃도 피고 맛있는 열매도 맺을 수 있도록 이끌어주세요. 씨앗을 심기에 더할 나위 없이 좋은 날은 바로 오늘입니다.

평생 학습 시대에 집 공부는 기초 체력을 길러주는 것과 같습니다. 집 공부만이 자기주도 학습 습관을 기를 수 있고, 매일 공부하는 힘이 됩니다. 욕심 내지 마세요. 작은 습관으로 시작한 10분, 15분이 모이고 쌓여 30분이 되고, 1시간이 됩니다.

사실 집에서 아이 공부를 봐주는 일은 쉽지 않습니다. 공부로 아이와 실랑이를 벌이지 않아도 저절로 굴러가는 공부 습관을 기르기 위해 사용했던 다양한 방법, 엄마로서 경험하고 실패하고 성공했던 저만의 구체적인 노하우를 이 책에 담았습니다. 여러 시행착오를 겪으며 터득한 현실적이면서도 효과적인 엄마표 학습 비법, 조금이라도 편하고 효율적인 방법을 고민했던 경험담을 공유하고자 합니다.

교육에 정답은 없다고 생각합니다. 같은 옷을 입더라도 누군가에게는 잘 어울리는 옷이 될 수도 있지만 또 다른 누군가에게는 불편하거나 어울리지 않는 옷이 되기도 합니다. 이 책이 모두가 수긍하는 정답일 수는 없지만, 부디 단 하나의 문장이라도 한번 입어보고 싶은 옷이 되었으면 합니다.

아내가 하는 일이라면 전폭적인 지원을 아끼지 않는 남편에게 고마움을 전하며, 이 책의 주인공인 엽이와 민이에게 사랑하는 마음을 전합니다. 그리고 책을 출간하는 데 열정과 애정을 쏟아주신 블루무스 김승지 대표님과 김현영 편집자님께 깊은 감사를 드립니다.

끝으로 불안과 깊은 고민 속에서도 좋은 부모가 되기 위해 오늘도 노력하는 우리 모두를 진심으로 응원합니다.

김은영

차 례

1 장

"
흔들리지 말고 멀리 보세요
집 공부를 하기 위해 엄마가 갖춰야 하는 마인드셋
"

2장

> "
> ## 과목별로 공략하세요
> ### 과목별 자기주도 학습
> "

3 장

4 장

부록

"———

예체능, 손 놓을 수 없다

———"

1장

· 초등 혼자 매일 공부 ·

“———

흔들리지 말고
멀리 보세요

집 공부를 하기 위해
엄마가 갖춰야 하는 마인드셋

———— ”

• • •

집 공부, 자기주도 학습의 첫걸음 | 학원보다 집 공부가 좋은 세 가지 이유 | 아이의 첫 공부, 부모만이 해줄 수 있는 것이 있기에 | 앞으로 12년, 벌써부터 힘 빼지 마세요 | 우등생을 키운 엄마들의 세 가지 공통점 | 흔들리지 말고 멀리 보기 위해, 기록하기 | 사교육보다 더 가치 있는 활동에 투자하기

집 공부,
자기주도 학습의 첫걸음

다섯 살 터울이 나는 두 아들이 단과 학원이나 보습 학원에 다니지 않고 집에서 공부한다고 하면 주위에서는 두 가지 반응을 보입니다. 첫 번째 반응은 대단하다는 눈빛, 두 번째 반응은 스킬이 부족한 엄마보다 그래도 학원이 낫지 않냐는 반응이지요. 다 일리 있는 말입니다. 하지만 현실적으로 사교육 역시 그리 맹신해서는 안 된다는 신념이 먼저였습니다.

친하게 지내는 선배가 고민이 있다며 제게 상담 신청을 했습니다. 그녀는 자녀가 어릴 때부터 사교육에 많은 투자를 했습니다. 그중에서도 아이가 초등학교에 입학하면서 사고력으로 유명한 브랜드 수학 학원을 보냈습니다. 아주 잘 가르치는 곳이라서 그 학원을 다니고 자녀가 수학 경시 대회에서 우수한 수상 성적을 거뒀다며 여기저기 학원을 추천했습니다. 아무렴, 엄마보다는 학원이 낫다고요.

하지만 얼마 뒤 원장이 교체되면서 수업 방식과 원장의 마인드가 마음에 들지 않아, 같이 다니던 친구들과 모두 그만뒀다고 합니다. 그리고 개인적으로 다시 수학 경시 대회에 응시했는데 상은커녕 점수도 떨어졌습니다. 그녀는 실망감을 감추지 못했습니다. 학원의 도움 없이는 상을 타기 쉽지 않은 실력임을 증명받은 것이나 마찬가지였으니까요.

왜 학원을 다니면서는 성적이 좋은데 학원을 그만두면 성적이 곤두박질치는 걸까요? 학원의 도움이라는 건 자기주도 학습과는 거리가 멀기 때문에 생겨나는 일입니다. 학원은 어쨌든 단기간 내에 아이의 점수로 부모님에게 학원의 쓸모를 증명해야 합니다. 때문에 생각하는 시간을 주기보다 문제를 더욱 빠르게 풀어낼 수 있는 스킬을 집중적으로 가르쳐줍니다. 그래서 주어진 문제를 풀이하는 스킬은 늘지만, 스스로 생각하고 이해하고 문제를 해결하는 능력은 기르기 힘들죠. 그렇게 교육받은 아이는 사교육의 도움 없이 혼자 문제를 해결하는 방법을 알지 못합니다.

쉽게 설명드리자면 부모는 아이에게 밥상을 차려주고 나면 아이가 숟가락으로 밥을 떠서 스스로 씹게끔 해야 합니다. 부모나 학원 강사가 아이 대신 음식물을 씹어줄 수는 없습니다.

하지만 사교육에 의지하는 것은 학원 강사가 아이들을 위해 밥상을 차려줄 뿐만 아니라 먼저 꼭꼭 씹은 음식물을 아이 입에 넣어주는 행위와 같습니다. 아이 스스로 씹으면서 사고력을 길러야 하는데, 사교육에 의지하는 순간 아이는 스스로 씹는 과정도 없이 학원 강사가 주면 주는 대로 꿀꺽 삼키는 활동만 하는 거죠. 학원에서는 아이들에게 요령과 기술을 가르쳐줄 뿐 오랜 시간 생각하여 스스로 문제를 해결할 시간을 주지 않습니다. 그저 학부모에게 사교육의 성과를 보여주기 위해서 수업 진도 빼기에 급급하여 선행 학습에 열을 올리고, 엄마들의 불안함을 잠재우기 위해서 아이들에게 많은 숙제를 내줍니다. 학부모 입장에서는 내 아이의 진도가 친구들보다 빠르다면 마음이 놓이고, 집에서 많은 양의 숙제를 하는 아이를 보며 '아, 학원에서 열심히 하고 있구나'라고 안심할 수 있으니까요. 친구들과의 경쟁에서 앞서고 있다는 안도감에 젖어듭니다.

《초등 6년이 자녀교육의 전부다》의 저자이자 초등학교 교사인 전위성은 당장 점수가 잘 나온다고 해서 사교육 효과를 맹신해서는 안 된다고 강조합니다. 그는 자기주도 학습과 사교육을 공존할 수 없는 낮과 밤에 비유합니다. 자기주도 학습을 하기 위해서는 자습 시간을 확보해야 하고, 자습 시간을 확보하기 위해서는 사교육을 하지 말아야 한다고 말이죠.

아이 스스로 공부하는 시간을 충분히 마련해 자기주도 학습 습관을 길러주기 위해 집 공부를 합니다. 당장의 점수 욕심은 버려야 합니다. 학원에 다니는 또래 아이들에 비해 그럴듯한 성과가 없어서 부족해 보여도, 다들 토끼처럼 깡충깡충 뛰어가는데 우리 아이는 거북이걸음으로 엉금엉금 기어가는 것처럼 보여도, 아이의 진정한 성장을 위해서는 자기주도 학습 습관이 먼저입니다. 그런 다음 부족한 부분을 보완하기 위해 적절한 수준의 사교육을 시켜야 합니다.

사교육을 맹신해 물고기를 잡아주지 마세요. 물고기를 직접 잡는 방법을 알려줘야 비로소 최종 목표인 자립을 할 수 있으니까요.

학원보다 집 공부가
좋은 세 가지 이유

아이의 자기주도 학습 능력을 키우는 데 집 공부가 더 좋다는 건, 실은 널리 알려진 사실입니다. 하지만 그럼에도 집 공부를 망설이는 이유는 여러 가지가 있겠죠. 그중에서도 제일 큰 이유는 역시 '남의 아이는 가르쳐도 내 아이는 못 가르친다'라는 점이 아닐까요? 그만큼 내 아이를 가르치기란 쉽지 않습니다.

아이를 직접 가르치면 참 힘든 상황을 자주 마주합니다. 물리적인 시간도 문제지만, 더 큰 문제는 감정에서 비롯됩니다. 문제에서 분명 틀린 것을 물었는데 맞는 답을 적거나, 문제 말미에 기호를 쓰라고 했는데 마음대로 쓰는 건 다반사입니다. 문제를 제대로 읽지도 않고 문제를 자기 마음대로 판단해서 틀릴 때면 속이 터집니다. 어디 그뿐인가요? 분명 오늘 배운 단원인데 개념조차 이해하지 못하면 수업 시간에 수업은 안 듣고 딴짓만 한 건 아닌지 의심스럽기까지 합니다. 그동안 우리 모자는 뭘 한 건지 지난 시간에 대한 의구심마저 들 정도입니다. 그래서 학원에 의지해볼까 하는 마음이 올라오기도 합니다. 하지만 이내 마음은 돌아서고 맙니다.

집 공부의 장점은 무엇일까요? 크게 세 가지를 이야기하려 합니다.

첫째, 아이의 성장을 학원 선생님이 아닌 부모인 내가 바로 느낄 수 있습니다.

아이에게 공부를 가르치다 보면 엄마의 인내심은 금세 바닥나기 마련입니다. 문제를 이해하는 방법은 고사하고 문제 풀이에 필요한 자그마한 요령조차도 제대로 익히지 못하곤 하니까요. 예를 들어 맞는 답을 고르는 객관식 문제에서 주어진 보기를 꼼꼼히 읽고, 가장 확실히 틀렸다고 생각되는 보기에 줄을 긋고 고쳐보면서 선택지를 줄여나간 후, 가장 헷갈리는 보기 중 하나가 답이라는 팁을 아이에게 알려줬다고 합시다. 하지만 아이가 어제도, 오늘도 예전과 똑같은 방식대로 문제를 푼다면 엄마의 기분은 어떨까요? 화가 머리 끝까지 치밀어오르고 입에서는 당장 험한 말이 나올지도 모릅니다.

그런데 부모인 우리 자신은 어떤가요? 수많은 자기계발서를 읽었다고 곧바로 바뀌던가요? 미라클 모닝이 어디 단박에 실천되던가요? 저녁형 인간이 하루아침에 아침형 인간으로 바뀌던가요? 아닙니다. 저만 해도 블로그에 미라클 모닝 실천을 선포하며 100일 프로젝트 미션을 실천하다가 중도에 포기했다가 또다시 도전을 했습니다. 이제는 아예 블로그 이웃과 새벽 시간에 맞춰 강제적인 모닝콜 프로젝트까지 벌였어요. 40년 가까이 살아온 성인도 단박에 변하기가 쉽지 않은데 고작 10년 조금 넘게 살아온 아이에게 얼마나 큰 기대를 하고 있는지 돌아보면, 내 아이가 틀린 게 아니라는 사실을 알게 됩니다.

마음을 비우면, 언젠가 아이가 바뀝니다. 어느새 객관식 문제를 엄마의 코칭대로 '/' 또는 'O'로 표기하며 나름 최선의 방법으로 문제를 푸는 아이를 보게 돼요. 미국의 의사 맥스웰 몰치는 저서 《성공의 법칙》에서 무엇이든 최소 21일은 계속해야 습관이 된다고 말합니다. 영국 런던대학교의 심리학자 필리파 랠리 연구팀은 원하는 행동을 습관으로 만드는 데 평균 66일이 걸렸다는 연구 결과를 발표했죠. 한편 《10살 전까지 기본이 강한 아이로 키워라》에서는 3개월의 법칙을 기억하라고 말합니다. 습관을 만들어주기 위해서는 적어도 3개월이라는 시간이 필요하다고 말입니다. 그 시간 동안은 인내심을 가지고 아이를 지도해줘야 합니다.

그런데 부모는 한두 번 가르치면 아이의 행동이 좋아질 거라고 기대하는 경향이 있습니다. 그러다 보니 아이가 여전히 똑같은 행동을 반복하면 일부러 그런다고 생각하여 혼을 내곤 합니다.

사실 저도 몇 번이고 말하고 알려줘도 변하지 않는 아이를 보며 답답해했고, 엄마의 말을 흘려듣는다고 혼을 내기도 했습니다. 이 책 속에서 마치 제 모습을 발견한 것 같아 속으로 뜨끔했습니다. 이 책을 오래전에 읽긴 했는데, 당시에는 분명 맞장구를 치며 읽었고 실천해보리라 다짐도 했지만 그때뿐 또다시 망각하고 있었던 거죠. 이렇듯 부모도 단박에 변화하지 못하면서 아이에게 강요하다니, 얼마나 부끄러운 일인가요.

비우고 기다렸더니 어느새 아이가 변하고 있었습니다. 보이지 않게 노력하고 있었다는 표현이 적절한 것 같습니다. 부모가 믿는 만큼 아이는 조금씩 성장하고 있었습니다. 믿는 만큼 자라는 아이들이라는 표현이 맞는 말이었습니다. 아이가 이렇게 객관식 문제를 꼼꼼하게 노력하며 풀어낸 모습이 엄마 선생님으로서 참 기쁘더라고요.

아이가 노력하는 모습을 직접 보고 느낀다는 것이 얼마나 값진 경험인가요. 내 아이의 성장 속도를 직접 실감할 수 있기에 집 공부를 포기할 수 없습니다.

둘째, 현재 내 아이의 학습 수준을 잘 알 수 있습니다.

아이의 공부를 전적으로 학원에 맡기면 선생님이 알아서 잘 가르쳐주시겠지, 아이는 잘 배우고 있을 거야 하는 안일한 생각에 빠지기 쉽습니다. 선생님이 아이들 지도 경험도 많을 테고, 유능할 거라는 믿음이 있죠. 그런데 기껏 학원에 보냈더니 아주 기초적인 개념조차 모르면 학원에 대한 배신은 물론, 아이에 대한 실망감도 배로 커집니다. 집에서 가르치는 동안에는 적어도 자기반성과 함께 서로 잘해보자는 마음으로 다시 심기일전할 수 있지만, 학원에 대한 실망감이 크면 또 다른 학원으로 옮겨야 하는 부담과 고민도 함께 커집니다. 저는 이리 재고 저리 따지는 깐깐한 성격이라, 팍팍한 살림에 조금이라도 가성비가 뛰어난 학원 찾아 삼만리 긴 여정을 떠나야 합니다. 동네 엄마들의 쏟아지는 정보 속에 오히려 깊은 고민에 빠질 테니까요.

집 공부를 하면 다릅니다. 예를 들어 분수 문제를 이해하지 못하는 아이에게 학원 선생님이 알아서 설명해주는 게 아니라 왜 아이가 이해하지 못하는지, 어떻게 하면 아이가 분수를 이해할 수 있는지를 엄마와 아이가 함께 고민하고 방법을 찾을 수 있습니다. 저의 경우 큰아이가 며칠째 분수 유형 문제를 이해하지 못했을 때 사탕을 몇 개씩 나누어 담아보면서 증감 현상을 살펴보게 했더니 그제야 이해를 했습니다.

그래서 저는 아이와 함께 하는 집 공부가 좋습니다. 현재 아이의 학습 수준을 잘 파악하고 아이와 함께 발맞춰 나아갈 수 있다는 게 집 공부의 장점이니까요.

셋째, 집 공부는 경제적입니다.

솔직히 말씀드리자면 경제적인 부분도 빠질 수 없습니다. 자녀의 학년이 올라갈수록 사교육을 활용할 수밖에 없는 상황은 다가옵니다. 하지만 팍팍한 살림에 학원비가 너무 부담스럽죠. 주위를 둘러보면 저뿐만 아니라, 사교육비를 부담스럽게 여기는 초등 부모가 많습니다. 친하게 지내는 학교 엄마는 고학년이 되는 시점에 마냥 놀게 할 수는 없어 동네 아파트 수학 공부방을 보내려다 그동안 세상 물정을 너무 모르고 있었다며 한숨을 지었습니다. 대형 학원도 아닌 수학 공부방인데 너무 비싸다는 겁니다. 그렇다면 대형 학원비는 도대체 얼마란 말이냐며 푸념을 늘어놓더군요.

아이들을 사교육에 맡겨야 하는 때가 분명 옵니다. 하지만 지금부터 학원을 돌리기에는 경제적인 비용이 너무 부담스럽습니다. 지금 절약할 수 있는 부분은 절약하면서 아이가 매일 집 공부를 할 수 있는 힘, 자기주도 학습 습관을 키우는 건 어떨까요? 일석이조의 효과를 누려보세요.

아이의 첫 공부,
부모만이 해줄 수 있는 것이 있기에

큰아이의 초등학교 입학을 앞두고 두 살이던 작은아이가 후두염으로 병원에 입원한 적이 있었습니다. 같은 병실의 옆 침대 보호자와 나이도 비슷하고 아들 둘 엄마에 몇 달 뒤면 예비 초등학생 학부모라는 교집합 때문인지 금세 친해졌습니다. 이런저런 이야기를 하다가, 이내 그녀의 자녀 교육에 대한 푸념이 이어졌습니다.

"이제 초등학교 입학이 몇 달 안 남았어요. 엽이 엄마는 어때요? 불안하지 않으세요? 아휴~ 전 불안해 죽겠어요. 며칠 전 TV 홈쇼핑에서 광고를 보고 1년 치 문제집을 바로 결제했어요. 교과서를 만드는 회사라니까 믿고 덜컥 구매한 거죠. 한글도 이제 겨우 떼서 걱정이에요. 진작에 한글도 떼게 하고 공부도 시킬걸……. 그동안 흘려보낸 시간이 너무 후회스럽네요. 이 녀석은 이런 엄마 마음을 아는지 공부라도 시키려고 하면 저한테 뭐라는지 아세요? '엄마! 엄마는 선생님이 아니잖아! 공부는 선생님이랑 하는 거야.' 이러면서 뭘 가르치지 말라고 하네요. 기가 막혀요."

당장 눈앞에 닥친 아이의 초등학교 입학으로 인해 불안과 걱정이 가득해 보였습니다. 교육 회사에서도 초등학교 입학을 앞둔 때가 최적의 마케팅 시기임을 잘 알고 학부모의 불안 심리를 이용해 마케팅을 합니다.

그녀의 경우처럼 막상 아이가 초등학교에 갈 시간이 가까워오면 '어릴 때는 놀아야 한다'라는 여유 있는 마인드는 사라지고 '초등학교 입학'이 넘기 어려운 관문처럼 느껴집니다.

반면에 아이 입장에서는 어느 날 갑자기 엄마가 빨리 한글을 떼야 하고 이제는 공부도 해야 한다며 서두르기 시작하는 이런 상황이 얼마나 당황스러울까요? 갑자기 공부라니, 아이 입장에서는 생소한 것이죠.

이런 모습을 보고 있으면 아이가 아니라 엄마가 다시 초등학교에 입학하는 것 같습니다. 제 모습을 돌이켜보면 큰아이가 일곱 살이 되던 무렵, 초등학교 입학 준비를 해야 한다며 받아쓰기, 연산, 영어 파닉스 등을 알아보기 위해 동분서주했습니다. 그러던 어느 날, 이건 아이 주도 학습이 아니라 엄마 주도 학습이 되어가는 현실을 깨닫고 모든 걸 내려놓기도 했죠. 돌이켜보면 대한민국에서 초등학교 입학이라는 관문을 앞둔 엄마라면 누구나 겪을 법한 통과의례 같아 지금은 그때 그 시절의 제 모습에 웃음이 납니다.

엄마가 저만치 앞서 달려나가서도 안 되고, 그렇다고 어릴 때는 놀게 해야 한다고 마냥 내버려둘 수도 없습니다. 그럼 어떻게 해야 할까요?

주위 엄마들을 보면 교육열이 높아 자녀 교육에 힘쓰는 엄마가 있는 한편, 과거 어른들처럼 공부할 놈은 알아서 한다는 소신으로 믿고 지켜보는 엄마도 있습니다. 과거 어른들은 "공부할 녀석은 자기가 알아서 하고 안 할 놈은 때려 죽어도 안 한다."라는 말씀을 하셨습니다. 부모의 욕심에 억지로 시작한 공부는 한계에 도달하니까 억지로 공부시킬 필요가 없다는 뜻일까요?

제 생각은 조금 다릅니다. 먹고 살기 힘든 시절에는 장남만 대학을 보내고 나머지 형제들이 장남을 뒷바라지하는 것이 당연시되는 분위기였습니다. 그런데 이는 사실 맏이 아래에 있는 동생들의 학비 뒷바라지를 해줄 만큼 형편이 넉넉하지 못했기 때문에 생긴 일입니다. 그러니 미안함과 죄책감에 읊어낸 부모의 자기 위안이 아니었을까 생각됩니다.

얼마 전, 이전 직장 동료에게서 오랜만에 전화가 왔습니다. 공부할 녀석은 스스로 알아서 한다는 말 뒤에 숨어서 바쁘다는 핑계로 아이 학습에 손을 놓고 지낸 시간이 아깝다고 하소연을 털어놓더군요. 아무것도 안 하고 방치된 아이를 발견하는 것 같아 죄책감마저 느낀다고요. 아이가 어느 날 갑자기 공부가 너무 좋다며 갑작스럽게 공부에 흥미를 느끼기란 어려운 건데 뒤늦게 요즘 현실을 깨달았다고 합니다.

아이들의 자기주도 학습 습관이 저절로 완성되기란 쉽지 않습니다. 어릴 때부터 부모의 적극적인 돌봄과 관심으로 기본적인 학습 습관이 자연스럽게 몸에 밴 아이들이 결국 자기주도 학습 습관을 갖출 수 있습니다. 매일 공부할 수 있는 힘을 부모가 아니면 누가 만들어줄 수 있을까요? 학원 선생님이 해주실까요? 아니면 담임 선생님이 해주실까요? 부모인 우리만이 해줄 수 있어요. 부모 그늘 아래 부모가 최고라 여기는 초등 6년, 이 시기를 학원에 의지하며 의미 없이 흘려보내기엔 너무 아깝습니다.

억지로 공부시키면 부정적인 영향으로 오히려 역효과만 불러일으킬 뿐이라는 생각은 위험하지 않을까요? 아이가 관심을 갖고 공부하고 싶은 환경을 만들어주는 몫은 결국 부모에게 있으니까요.

초등학교 입학을 앞두고 갑작스럽게 조바심과 욕심에 끌려 아이를 붙잡고 공부를 시키기보다는 아이를 유혹한다는 마음으로 학습의 재미를 이끌어보세요. 책상이나 식탁에 앉아 보드게임을 하거나, 퍼즐을 맞추거나, 카드를 뒤집어놓고 똑같은 모양의 카드를 맞추는 기억력 놀이도 좋습니다. 어릴 때부터 부모님과 공부든 놀이든 무엇인가를 함께 한다는 것이 자연스레 습관이 되도록 말입니다.

아이들은 배움에 대한 의욕이 본능적으로 있습니다. 배움은 인간만이 가진 지적 호기심과 성장 욕구를 충족시킬 수 있습니다. 다만 그 욕구의 스위치를 'off'에서 'on'으로 누를지 여부는 전적으로 부모의 손길에 달려 있습니다.

아이가 어릴 때부터 부모와 함께하는 시간을 늘려보세요. 오히려 아이가 공부하고 싶다고 투정 부리는 경우도 있고, 매일 밥을 먹고 양치질을 하듯 함께하는 시간이 일상처럼 느껴질 때도 있습니다. 그렇게 조금씩 아이와 학습 놀이로 천천히 학습에 대한 호기심과 배움의 즐거움을 깨닫게 하면 자연스럽게 자신감이 생기고 공부의 선순환 효과가 일어납니다.

앞으로 12년,
벌써부터 힘 빼지 마세요

　　고등학교 때까지 전교 1등에 전교 회장에 각종 대회를 휩쓸고 다닌 '엄친아'를 키운 이유남 교장 선생님이 쓴 《엄마 반성문》이라는 책을 읽어보셨나요? 누가 봐도 자랑스러운 아들이 고3이 되던 해 갑자기 더 이상 못하겠다고 자퇴를 선언합니다. 거기에서 그친 게 아니라 엎친 데 덮친 격으로 둘째 딸까지 저렇게 잘난 오빠도 자퇴한다는데 왜 자기가 학교를 다녀야 하냐며 자퇴 선언을 해버려요. 그 후로 남매는 엄마와의 대화를 거부하고 무려 1년 반 동안 집 안에 틀어박힌 채 나오지 않고 게임만 하죠. 그 시간 동안 저자는 어떻게든 좋은 관계를 회복하기 위해 코칭 수업을 들었습니다. 아이들을 살리고 봐야겠다는 절박

한 심정으로 시작한 코칭 공부를 통해, 자신이 그동안 부모가 아닌 감시자였다는 것을 깨닫고 아이들과의 관계 회복에 나서는 과정을 그린 책입니다.

극단적인 것 같지만 사실 현실에서도 이런 이야기를 종종 접합니다. 가까운 제 지인의 사례를 옮겨보자면, 무남독녀 외동딸을 키우는데 어릴 때부터 발레며 수영이며 수학, 영어 등 교육비에 아낌없이 투자했다고 해요. 그래서 원하는 외고에도 합격했고요. 하지만 그 기쁨도 잠시, 그토록 원하던 고등학교에 입학하자마자 딸아이가 등교 거부를 선언했다는 겁니다. 이제 겨우 고등학교 입학이라는 목표에 도착했을 뿐인데, 아이는 이제 지쳤다며 무기력한 모습을 보인다고 합니다. 인생의 최종 목표가 명문고나 명문대 입학이 아님에도 당장 눈앞에 있는 목표를 향해, 부모가 세운 목표를 향해 쉴 없이 달렸으니 어떻게 보면 당연한 결과입니다. 아이들은 이미 학원에, 문제집에 질려버렸으니까요.

인생이라는 장거리 마라톤을 달리려면 속도의 완급을 조절해야 합니다. 좋은 대학만 나오면 좋은 직장을 보장하던 과거와 달리, 요즘은 평생 학습 시대입니다. 끊임없이 배우고 습득하고 성장해야 살아남을 수 있습니다. 부모의 지나친 기대와 과도한 욕심으로 좋은 대학, 좋은 직장이라는 목표만을 세우고 몰아붙이고 있지는 않은지 돌아볼 필요가 있습니다.

요즘 아이들을 보면 경기 초반인 지금부터 앞만 보고 달립니다.

장거리 마라톤을 뛰려면 전력 질주를 해야 하는 구간과 천천히 가도 되는 구간을 설정해야 하는데, 우리 아이들은 경기 초반인 초등학교 때 벌써 체력의 반 이상을 소모합니다. 초반부터 힘차게 달리면 곧 지치고 포기하고 싶어집니다. 아직 가야 할 길이 까마득한데 이미 경기 초반에 에너지를 다 써버린 탓이죠.

가끔 주위를 둘러보다가 영어 학원이다, 수학 학원이다, 사고력 학원이다 바쁘게 움직이는 아이들을 보면 불안할 수도 있습니다. 우리 아이만 뒤처지는 게 아닌지, 마냥 철없이 놀기만 하는 게 아닌지 싶어서죠. 과연 내가 걷는 길이 맞는지 의구심이 들기도 하고요.

초등학교 입학 전만 해도 아이가 무엇을 하든 그저 기특하고 대견하고 의젓해 보입니다. 하지만 초등학교에 입학하면서 평가와 결과가 보이기 시작합니다. 부모라서 자녀에 대해 기대를 하고 희망을 품는 것은 당연합니다. 하지만 기대가 커지면서 아이의 부정적인 모습이 더 부각되어 보입니다. 기대와 실망이 지나치게 커지면 화를 내고 혼을 내기도 합니다. 그런데 그게 과연 얼마나 중요할까요? 부모의 만족 때문에, 욕심 때문에 아이를 몰아세우고 있는 건 아닌지 돌아봐야 합니다.

겉으로는 최선의 결과를 위해서라지만, 결국은 최고의 결과를 얻기 위해서가 아닐까요? 자녀를 위한답시고 부모가 선택한 학원에 학습지에 문제집을 아이들에게 들이밉니다. 우리 아이의 완벽을 추구하기 위해서 혹은 아이의 부족한 점을 메우기 위해서 수학이 부족하면 수학 학원으로, 영어가 부족하면 영어 학원으로 보냅니다. 이때 필요한 것은 부모의 자기 검열입니다. 공부는 장거리 마라톤이라고 말이죠. 이 길고 긴 험난한 여정에 이제 겨우 도입부임을 상기하면 한결 마음이 편안해집니다.

진짜 전력 질주 구간은 사춘기가 오고 나서부터입니다. 그때부터 아이 스스로 전력을 다해 달려가야 합니다. 토끼와 거북이의 경주에서 느리게 천천히 가는 거북이가 되더라도 지금은 에너지를 모으고 있다고 생각하면 어떨까요? 속도보다 방향이 더 중요하다는 것을 우리는 익히 알고 있습니다. 그렇게 생각하면 불안함도, 조급함도 어느새 흩어지고 맙니다.

불안한가요? 조급한가요? 옆집 아이와 비교가 되나요? 아이는 이제 막 장거리 마라톤을 뛰기 위해 출발선에 서 있거나 조금 뛰어나갔을 뿐입니다. 그런데 벌써 전력 질주를 생각하고 있다고요? 아이 스스로 전력 질주 구간을 향해 나아갈 수 있도록 부모인 우리는 힘을 빼고 아이를 지켜봐야 합니다.

우리 아이는 전력 질주를 위해 에너지를 아끼고 있을 뿐입니다. 초등 때 여유롭게 놀아본 아이가 사춘기가 와도 열심히 달릴 수 있다고 믿습니다. 평생 학습 시대에 집 공부는 기초 체력을 키우는 것과 같습니다. 그렇게 생각하면 훨씬 편안해집니다. 이제 초등학생인 아이의 숨통을 트게 해주세요.

우등생을 키운 엄마들의
세 가지 공통점

우리 아이들이 공부를 잘했으면 좋겠고, 운동도 잘했으면 좋겠고, 교우 관계도 원만했으면 좋겠습니다. 참 욕심이 많은 엄마입니다. 저만 그런 게 아니라 부모라면 다들 그러시겠죠? 하지만 현실은 주어진 의무에 쫓기다 보면 중요한 것도 잊은 채 그저 하루하루를 힘겹게 버텨낼 뿐입니다. 회사에서 지지고 볶으며 변화무쌍한 하루를 건디다 보면 퇴근 후에는 쉬고 싶다는 생각이 간절합니다. 하지만 워킹맘이든 전업맘이든 아이를 키우는 부모에게 이런 시간이 쉽게 주어지지 않습니다.

그럼에도 주위를 둘러보면 조금 더 특별한 삶을 사는 사람들이 있습니다. 부럽고 본받고 싶은 엄마로서의 삶 말이에요. 저는 시기와 질투가 아닌 부러움과 경외심이 가득한 마음으로 그들을 바라보고 싶습니다. 배워서 남 주나요? 본받고 싶은 그들의 작은 행동 하나하나가 제 삶에 녹아들면 그보다 더 좋은 교훈은 없겠죠.

그렇게 부러움과 경외심으로 그들을 바라보면서 몇 가지 공통점을 발견할 수 있었습니다. 작고 사소하게 보이는 것들을 결코 무심하게 지나쳐서는 안 된다는 것을요. 아무리 작고 사소하게 보이는 것들일지라도 지속적으로 쌓이게 되면 큰 역량을 발휘할 수 있는 막강한 힘이 된다는 것을 깨달았습니다.

운동

아이들은 중학교, 고등학교 입시가 다가오면 자신이 공부하는 기계라고 스스로를 세뇌시켜야 할 만큼 어마어마한 양의 공부를 해야 합니다. 그런데 오랜 시간 한 자리에 앉아 공부하기가 여간 힘든 게 아닙니다. 육체적으로도 정신적으로도 많은 에너지가 필요하죠. 공부 근육을 키우기 위해서는 어릴 때부터 꾸준한 운동으로 체력을 길러주어야 합니다. 운동은 운동일 뿐 학습과는 별개라고 생각하기 쉬운데, 약한 체력으로는 아무것도 해낼 수 없습니다.

영국에서 11세 청소년 5,000명을 대상으로 한 연구에 따르면 남학생은 운동 시간이 17분 늘어날 때마다, 여학생은 12분 늘어날 때마다 성적도 올랐습니다. 1시간 이상 규칙적인 운동을 시킨 결과 놀랍게도 C등급이던 학생의 성적이 B등급으로 향상되었습니다.

미국에서도 비슷한 연구를 했습니다. 만 7세에서 9세의 아동 221명에게 방과 후 1시간씩 또래 아이들과 신체 놀이와 운동을 하게 했습니다. 그리고 9개월 후 운동을 하지 않은 아이들과 집중력과 인지 능력을 비교했습니다. 그 결과 매일 규칙적으로 1시간씩 몸을 움직인 아이들의 인지 능력 점수가 두 배 이상 높았습니다. 운동을 포함한 신체 활동이 학습 능력을 높여준 것이죠.

연구진은 이것이 뇌의 백질 때문으로 분석했습니다. 백질은 회백질(피질) 사이를 연결하는 신경 섬유로, 정보를 전달하는 역할을 담당합니다. 백질이 많을수록 집중력과 기억력, 창의력이 높아지고 두뇌 조직 간 연결성이 개선되는 것으로 알려졌습니다.

운동을 조절하는 미상핵 부위는 10대 초반에 회백질 제거가 시작되어 13세를 전후해 막대한 양의 조직을 상실한다고 합니다. 그렇기 때문에 13세 이전에 근육을 다양한 방식으로 사용하는 운동을 되도록 많이 경험하는 것이 좋습니다.

신체 활동을 많이 한 아이들에게는 백질이 많았습니다. 운동을 많이 할수록 백질의 양도 늘어난 것이죠. 흔히 공부 잘하는 아이가 운동도 잘한다고 하는데, 운동 잘하는 아이가 공부도 잘한다는 말이 더 타당하지 않을까 생각해봅니다.

학습적인 측면을 떠나서도 땀이 나는 운동을 통해서 에너지를 발산하고 스트레스를 해소하며 신체의 전반적인 건강도 향상됩니다. 건강은 물론 두뇌 성장에 도움이 되는 운동을 사소하게 여길 수 없는 이유입니다.

음악

무엇이든 본받고 싶고 따라 하고 싶은 선배 엄마가 있습니다. 바로 '새벽달'이라고 불리는 《엄마표 영어 17년 보고서》의 남수진 저자입니다. 아들 둘을 키우는 엄마가 실행한 17년간의 엄마표 영어에 대한 경험담이 담긴 이 책에서, 저자는 음악은 독서보다 한 단계 상위 개념의 교육이라고 말합니다. 음악 교육은 인생에 대해서도 알 수 있게 하고, 자신의 한계에 부딪쳐볼 수 있게 한다고도 했습니다. 초등 고학년이 될수록 학습적인 영역에 치중하여 예체능을 포기하는 경우가 많은데 오히려 그때가 제일 중요한 시기라고요.

사교육 없이 두 아들을 키워낸 선배 워킹맘이자 블로그 이웃인 '심플한 워킹맘'은 사춘기가 되었을 때 피아노가 아이의 감정을 조절하는 데 큰 역할을 했다고 합니다.

이렇게 음악에 대한 중요성을 이미 알고 있었기에 큰아이는 일곱 살 때부터 피아노를 배우게 했습니다. 비록 주 5일 내내 배운 것은 아니지만, 초등 고학년이 된 지금까지 가늘게 길게(주 3회) 배우고 있습니다. 바이엘 몇 번, 체르니 몇 번을 채우기 위함이 아니라, 그저 음악과 친해지고 일상이 음악이 되길 바라는 마음에서 배우게 했습니다. 아이가 답답하고 울적할 때 쉼이 되어주고, 방황하는 사춘기에 위로가 되어주며, 공부하는 기계처럼 여겨지는 고입, 대입 시기에 잠시나마 숨통 트이는 여유가 되어주기를 바라는 마음에서입니다.

꾸준함

우리는 정보화 시대에 살고 있습니다. 주머니에 스마트폰이라는 최첨단 컴퓨터를 넣어 다니면서 그때그때 필요한 정보를 얻습니다. 다시 말해 넘쳐나는 정보 속에서 살아가고 있는 것이죠. 우리는 정보의 홍수 속에서 잘 선별하고 편집해야 합니다. 하지만 그게 어디 쉬운가요? 고심해서 선택했다고 하지만 남의 떡이 더 커 보이는 순간은 비일비재합니다.

　반에서 성적이 좋은 아이 친구가 다니는 학원을 알게 되면 그 학원이 정말 괜찮은 곳일지도 모른다는 솔깃한 마음부터 생기는 것은 어쩌면 당연할지도 모릅니다. 우리 아이도 보내면 괜찮은 성적을 받을 수 있지 않을까 희망도 생깁니다. 하지만 우등생 엄마들의 공통점이 무엇일까요? 바로 뭘 하나를 배워도 꾸준히 배웠다는 점입니다.

《초등 1학년 수학 공부 습관》의 유경화 저자는 엄마가 지금 생각하고 있는 교육관을 밀고 가라고 합니다. 대신에 하루에 꼭 해야 할 공부든 규칙이든 습관을 만들면 된다고요. 이것도 좋고, 저것도 좋다며 부모의 교육관이 흔들리면 아이는 무엇을 배우든 자기 것으로 만들지 못합니다. 아이가 공부를 하다 보면 고비도 있고, 슬럼프도 오기 마련입니다. 그때마다 학원을 옮기거나 아이가 힘들어한다고 그만두게 해서는 안 된다고요. 금전적인 손해뿐만 아니라 아이의 잠재력이나 타고난 재능을 키워줄 수 없다고 말이죠.

물이 끓는 온도가 100도인데 99도까지는 기화하지 않습니다. 마지막 1도가 더해져야만 다른 상태로 바뀌게 되죠. 하지만 우리는 조급함과 불안함에 100도가 될 때까지 기다리지 못합니다. 아이를 보면서 그동안 들인 시간이나 비용에 비해 왜 빨리 변화하지 못하는지 답답해하고 불안해합니다. 그리고 이 방법은 틀린 것 같아서 또 다른 방법을 찾아 헤맵니다. 아이는 이제야 낯선 학원 분위기에 적응했고, 서먹했던 친구들과도 친숙해졌을 텐데 말이죠. 더군다나 학원 교사는 우리 아이의 수준과 성향을 파악하는 중이고요. 그런데 엄마는 본인의 불안과 조급함 때문에 기다려주지 않습니다.

'서당 개 3년에 풍월을 읊는다'라는 속담이 있습니다. 어떤 분야에 대해 전혀 아는 것이 없는 사람도 오래 있다 보면 어느 정도 익히게 된다는 말이죠. 우등생을 키운 엄마들은 아이에게 꾸준함을 가르쳤습니다. 방과 후 바둑이면 바둑, 영어면 영어를 꾸준하게 배우게 했습니다. 학원 역시 쉽게 옮기지 않고 진득하게 다니도록 했고요.

저 역시 그들처럼 큰아이에게 무엇이든 꾸준하게 하게 했습니다. 그래서 일곱 살부터 배운 피아노, 초등학교 1학년부터 시작한 바둑과 축구, 초등학교 3학년부터 시작한 방과 후 영어 수업을 지금까지 해오고 있습니다.

결론적으로, 자녀를 우등생으로 키운 부모들을 보면 음악, 운동 등 예체능을 꾸준히 하게 했습니다. 흔히 음악이나 운동은 초등 저학년에 쉽게 시작했다가 학습량이 많아지는 고학년이 되면서 차츰 정리하는데 그들은 오히려 고학년이 되어서도 어느 것 하나 소홀하지 않았습니다. 학습도 중요하지만 그를 뒷받침할 체력, 감성적인 면을 충족시킬 예체능의 중요성도 간과하지 않은 것이죠.

흔들리지 말고 멀리 보기 위해,
기록하기

집 공부를 할 때 가장 힘이 되는 저만의 습관이 있습니다. 바로 '기록'입니다. 퇴근 후 아이의 학습을 탁상 달력에 꾸준히 기록하는 힘으로 지금껏 아이를 지도했다고 해도 과언이 아닙니다. 그 기록의 힘으로 인한 성취감과 만족감이 어려운 고비마다 포기하지 않게 해주었습니다. 둘째의 출산과 육아, 재취업 등 다사다난한 변수에도 포기하지 않게 해주었던 힘입니다. 지나온 삶의 궤적이 고스란히 남아 있는 달력을 보면서 당시의 감정과 노력을 다시금 확인합니다.

자신만의 좋은 습관을 계속 유지하고 싶다면 어떻게 해야 할까요? 실행 후 관리, 피드백이라는 과정을 거쳐야 합니다. 이 실행을 반복하기 위해서는 관리라는 과정이 필수적이고, 기록하는 행위가 바로 관리에 해당하는 과정입니다.

예를 들어 다이어트를 목표로 한다면 기록하는 습관만으로도 심리적 압박을 받아 다이어트 성공 확률이 높아진다는 사실이 여러 연구로 밝혀진 바 있습니다. 2016년에 자신의 체중을 자주 확인하고 식사 빈도나 내용을 꼼꼼히 기록하는 것이 체중 감량을 위한 핵심이라는 연구 결과가 발표됐습니다. 우리나라 이상열 교수 연구팀이 전 세계 80여 개 나라에서 수집한 체중 관리 앱 이용자 3만여 명의 데이터를 분석했습니다. 2012년부터 2014년까지 최소 6개월 이상 앱을 사용한 사람들의 데이터를 분석해보니, 전체의 77.9%는 성공적으로 체중을 감량했는데, 그들 중 23%는 본인 체중의 10% 이상을 감량했습니다. 특히 체중을 자주 기록하고 저녁 식사 관련 내용을 자주 입력한 이용자의 체중 감량 효과가 가장 컸고, 요요 현상도 적게 나타났다고 합니다.

또한 미국 카이저 퍼머넌트 건강연구센터는 음식 일기를 꾸준히 쓰는 사람은 그렇지 않은 사람보다 체중을 2배나 더 줄일 수 있다는 연구 결과를 내놓았습니다.

이처럼 습관을 유지하기 위한 가장 큰 힘은 바로 '기록'입니다. 습관을 이루기 위한 과정으로 기록을 했느냐에 따라 결과가 확연하게 달라지는 것을 확인할 수 있습니다.

기록이라는 행위는 습관을 유지하는 보조 수단을 넘어섭니다. 아이를 코칭하면서 불안에 휩싸일 때도 있었습니다. 딱딱 맞아들어가는 톱니바퀴처럼 흘러가면 좋을 텐데, 세상일이란 게 어디 그렇던가요?

큰아이가 초등학교 3학년이 되어 교과 과목이 많아지면서 불안에 휩싸였습니다. 이제는 국어, 사회, 과학, 영어에도 시간 투자를 해야 하는데 시간은 턱없이 부족하기만 했습니다. 더구나 3학년 1학기 수학 1단원에서 아이가 연산에 흔들리는 모습을 보이자 더 조바심이 났습니다. 그런 날에는 제 감정을 고스란히 기록했습니다. 제가 왜 불안한지, 이 불안을 해결하기 위해서는 어떤 방법이 최선인지, 앞으로 어떻게 나아가야 할지 등을 말입니다.

이렇게 머릿속에 떠다니는 불안한 감정을 텍스트로 변환하는 순간, 생각이 명료해졌습니다. 제 글을 통해서 제가 지금 느끼는 조바심이라는 감정을 읽게 되었습니다. 엄마의 불안을 해결하는 돌파구가 사교육이 아니라는 결론도 내렸습니다. 연산이 부족하면 아래 단계로 내려가 부족한 부분을 되짚고 넘어가면 되는 일이니까요.

사회적 동물인 인간은 오직 본인만을 생각하면서 살아갈 수는 없습니다. 계획과 다르게 아이가 아플 때도 있고, 각종 경조사에, 직장인이라면 야근이나 회식 등 예기치 못한 변수가 너무나도 많습니다. 그래도 괜찮습니다. 오늘 야근하느라 피곤해서 계획대로 하지 못했다 하더라도 괜찮습니다. 내일 시작하면 되니까요. 꾸준히 반복하는 작심삼일도 꾸준함이라고 생각합니다.

완벽하지 않아도 괜찮습니다. 매일 실행하지 않아도 괜찮습니다. 집 공부 과정을 기록으로 남겨보세요. 우리가 목표로 하는 꾸준함은 매일 실행하는 완벽함이 아니라 빈틈을 메워가면서 포기하지 않는 힘을 기르는 것이라는 사실을 기억했으면 좋겠습니다. 이는 집 공부뿐만 아니라 모든 습관을 유지하는 데도 필수적인 팁입니다.

사교육보다
더 가치 있는 활동에 투자하기

소비를 보면 그 사람의 가치관이 보입니다. 명품 가방을 좋아하는 사람, 자동차를 좋아하는 사람, 맛있는 음식을 좋아하는 사람, 그리고 여행을 좋아하는 사람 등 소비를 통해 그 사람의 삶의 가치관을 고스란히 볼 수 있습니다.

직장에 다니는 사람은 일정 시간 근로한 만큼 월급으로 환산해서 시간의 가치를 수령합니다. 저의 일정 시간을 월급으로 맞바꾸는 셈입니다. 노동력으로 환산한 제 월급을 어디에 사용하느냐가 제 소비의 가치를 어디에 두는지 드러내는 것이죠. 즉 비용의 가치를 어디에 두느냐에 따라 소비도 달라지게 마련입니다.

저와 남편은 '여행'에 가치를 둡니다. 저희 부부는 여행에 드는 비용을 아까워하지 않습니다. 그래서 가족끼리 1년에 한 번 혹은 두 번 정도 해외여행을 떠납니다. 물론 국내 여행도 좋아하고요.

해외여행은 고정적으로 들어가는 학원비를 대신한 일종의 체험 학습에 대한 투자인 셈입니다. 사실 수학이나 영어는 학원에 투자할까 생각도 해보지만 아까운 소비라는 생각에 이내 돌아서고 맙니다. 차라리 그 돈으로 견문을 더욱 넓히자고 생각하는 것이죠.

특히 해외여행을 갈 때 여행의 장점이 극대화합니다. 해외여행을 가서 아이가 외국인 형과 선상에서 제로 게임을 하고 어깨동무를 하고 사진을 찍는 등 새로운 경험을 하면 아이는 신기해하고 놀라워합니다. 외국인들과 대화를 하고 함께 어울리는 시간이 많아지니, 외국인에 대한 경계심이나 낯선 감정을 완화시킬 수 있었습니다. 책상에 앉아서 공부하는 것만이 교육은 아니니까요.

평소에는 출퇴근 시간에 얽매이고, 매일 식사 메뉴를 고민해야 하고, 밀린 집안일에 떠밀려 정작 아이들과 어울리는 시간이 많지 않습니다. 엄마로서, 직장인으로서, 아내로서, 며느리로서 해야 할 의무가 많으니까요. 여행이 여유로운 이유는 오직 가족에게만 집중할 수 있는 시간을 주기 때문입니다. 빨래, 청소, 식사 준비, 업무에 치이지 않아도 됩니다. 대신 아이들 손을 잡고 서로 같은 곳을 바라보며 낯선 느낌과 새로운 감정을 공유하게 됩니다.

중학교에 입학하면 초등학교 때와 달리 체험 학습 신청이 쉬운 일이 아닙니다. 수시로 치르는 수행 평가(영어 듣기 시험 등) 일정과 겹치지 않도록 확인해야 하고, 학사 일정(시험 기간, 시험 점수 조정 기간, 방학식 전후 등) 때문에 체험 학습 신청하기가 어려워집니다. 주변의 많은 중학생 어머니들의 이야기를 들어보면, 막상 중학교에 입학해보니 선행 진도를 빼는 게 우선이 아니라 아이들 데리고 여행을 많이 다니는 게 남는 거였다며 초등학교 시절 아이와 조금 더 많이 여행을 다니지 못한 아쉬움이 크다고들 했습니다. 아이들이 어릴 때 손잡고 여행 다닌 추억은 아이들 정서에 큰 힘이 된다며 아이들과 함께 소중한 여행 추억을 많이 쌓으라는 주변인들의 조언이 와닿았습니다.

사춘기가 되면 가족보다 친구가 더 좋아진다고 해요. 가족여행은 고사하고 가족까지 외식조차도 쉽지 않다고요. 엄마가 세상 최고의 친구라고 생각하는 지금, 아이들 손 꼭 잡고 좋은 곳으로 가서 따뜻한 추억을 많이 쌓는 게 어떨까요?

2 장

• 초등 혼자 매일 공부 •

"
과목별로
공략하세요

과목별
자기주도 학습

"

• • •

국어·한글 떼기 쉽게 보면 낭패 | 국어·받아쓰기 노하우는 따로 있다 |
국어·책을 좋아하는 아이로 키우는 법 | 국어·독서만으로 잡을 수 있을
까? | 영어·파닉스를 꼭 떼야 할까? | 영어·영어 학습 친구, 흘려듣기 |
영어·티끌 모아 태산을 만드는 하루 영어단어 다섯 개 | 영어·내 아이에
게 영어 원서 효과적으로 읽히기 | 수학·초등 저학년, 수학에 집중해야
하는 이유 | 수학·만지는 수학으로 원리를 깨친다 | 수학·수학은 암기,
수학사전으로 개념 타파 | 수학·많이 풀기보다 오답 노트가 중요한 이유
| 한자·방학 기간 자격시험으로 능력, 자신감 잡으세요

|국어|
한글 떼기 쉽게 보면 낭패

우리 세대와 달리 요즘 아이들은 초등학교에 입학해서 한글을 익히고 중학교에 입학해서 영어를 배우지 않습니다. 이미 한글과 영어는 기본으로 익히고 왔다는 가정하에 수업이 이루어집니다.

그런데 한글이 과연 그렇게 중요할까 싶은 생각도 듭니다. 이미 대한민국에 사는 이상 모국어인 한글을 모를 리 없기 때문이죠. 시기가 조금 차이 날 뿐, 한글을 익히는 속도가 인생에 큰 영향을 미치지는 않겠지요.

하지만 여기에도 변수가 생겼습니다. '수포자'가 많아지는 공교육의 현실을 반영하여 2015 개정 교과서에서 스토리텔링 수학이라는 용어가 생겼습니다. 수학의 원리와 개념을 이야기로 풀어서 깨닫게 만든다는 취지인데, 이것이 오히려 한글을 익히지 못한 아이들은 수학도 어려워지는 현실이 되었습니다. 수학을 쉽게 이해시키려 한다는 시도가 한글의 선행 학습을 유도한 것이죠.

그러다 보니 다음과 같은 사례를 종종 봅니다. 큰아이와 같은 반 여자아이의 엄마는 1학기 때 학부모 상담을 잊을 수 없다고 했습니다. 그동안은 아이가 한글을 일찍 깨우치면 상상력과 창의력 발달에 도움이 되지 않을 거란 생각에 글자책보다는 그림책 위주로 책을 읽어주었다고 합니다. 그래서 한글은 학교에 입학하기 몇 달 전에야 겨우 떼었고요. 하지만 지금은 그때의 행동이 후회스럽다고 했습니다. 1학년 담임 선생님과 상담을 했는데 딸아이가 한글을 이해하는 수준이 또래에 비해 낮아서 많이 헷갈린다는 말이 큰 충격이었다고 했습니다. 한글이든 뭐든 배우려고 학교에 입학한 거니까 지도편달을 부탁드린다고 했더니, 요즘은 대부분의 아이들이 한글은 익히고 입학한다는 대답이 돌아왔다고 합니다.

초등학교에 입학하면 한글을 배우기 전 받아쓰기 시험을 치릅니다. 아이들 대부분이 한글을 80% 정도 익히고 왔다는 가정하에 입학 적응기를 끝내고 나면 받아쓰기 시험부터 시행합니다. 1급부터 13급까지 차근차근 단계를 밟아 매주 받아쓰기 시험을 치르게 되는데, 이 과정에서 한글에 대한 이해력이 부족한 아이들은 어려워하고 힘들어합니다. 그리고 국어 교과서를 바르게 소리 내어 읽는지 확인하는 성취도 검사를 하므로, 한글 공부만큼은 초등학교 입학을 앞두고 급한 마음에 서두르기보다는 미리 여유를 갖고 시작하면 좋습니다.

읽기 역시 국어 교과서와 연계된 책들을 미리 구해서 자주 읽어주고 친숙하게 되도록 도와주다가 어느 정도 한글이 눈에 익을 정도로 익숙해지면 또박또박 소리 내어 읽게 하는 것이 도움이 됩니다.

처음 엄마표로 한글을 떼려고 하면 어떻게 해야 할지 참 막막하고 어렵습니다. 유아교육학이나 국어교육학을 전공하지도 않았기 때문에 막연하게만 느껴집니다. 길을 못 찾는 부모님들을 위해, 시중 온라인 쇼핑몰에서 흔히 판매하는 낱말 카드로 단계적으로 한글을 떼는 방법을 알려드리겠습니다.

1단계: 사물 인지

우선 시중에서 흔히 볼 수 있는 낱말 카드를 구입하세요. 인터넷 쇼핑몰에서 '한글 카드' 혹은 '낱말카드'라고 검색하면 다양한 카드가 나옵니다. 되도록 실제 사진으로 구성된 카드를 구입하면 좋아요.

낱말 카드를 가지고 먼저 사물 인지부터 시작하세요. 아직 말을 구사하기 어려운 시기라면 바닥에 펼쳐진 낱말 카드 사진으로 "민아, 라면이 어디 있지?"라고 하면 아이가 라면 사진 카드를 잡는다 거나, 혹은 낱말 카드 사진을 보고 "나면"이라고 혀 짧은 귀여운 목소리로 표현할 수 있으면 인지가 완료된 겁니다.

2단계: 낱말 인지

실물 사진을 보고 사진 속 명칭을 인지했다면 이제 뒷면에 적힌 낱말(문자) 인지 단계로 넘어갑니다. 흔히들 통 글자라고 하는데요. 통 글자를 스스럼없이 바로 읽어낸다면 인지 완료입니다.

3단계: 낱글자 인지

통 글자를 모두 인지했다는 가정하에, 낱말 카드 문자를 낱글자 단위로 잘라냅니다. 예를 들어 '가방'이라는 카드가 있다면 '가'와 '방' 두 개의 낱글자로 잘라냅니다. 이제부터 낱글자 하나를 익히는 겁니다. 가방의 '가'와 가방의 '방'을 배우는 거죠. 그리고 나비 낱말 카드를 '나'와 '비'로 잘라냅니다. 나비의 '나'와 가방의 '방'을 합쳐 '나방'이라는 새로운 단어를 조합합니다.

4단계: 자음 및 모음 인지

이제는 시중에 나와 있는 한글 떼기 학습 교재로 순차적으로 단계를 밟아 워크북을 풀이하면 됩니다.

다음은 참고하고 사용할 만한 다양한 한글 교재 및 사이트입니다.

《한글 떼기》 - 기탄교육

쓰기와 읽기 그리고 틀린 그림 찾기, 스티커 놀이 등 다양한 활동이 들어 있어 한글뿐만 아니라 학습에 대한 흥미를 북돋아주는 데 도움이 되었습니다. 책상에 앉아 있는 엉덩이의 힘을 기르기에 좋은 교재였습니다.

미래엔 맘티처

[사이트] https://mom.mirae-n.com

교과서를 만드는 미래엔 출판사에서 제공하는 학습지입니다. 만 2~3세부터 5~6세까지 총 4단계로 프로그램이 구성되어 있습니다. 우리 아이의 한글 수준이 궁금하다면 한글 진단 검사도 받아볼 수 있고요, 한글뿐만 아니라 초등학교 입학을 준비하는 아이와 부모를 위해 한글, 수학, 영어, 한자, 창의미술 등 다양한 학습지를 제공하고 있습니다. 무엇보다 큰 장점은 회원가입만 하면 무료로 이용할 수 있다는 점입니다.

찬찬한글

【 **사이트** 】 http://www.basics.re.kr

학교 학습에서 학습 부진이 발생하지 않도록 학생 지도를 체계적으로 지원하기 위해 다양한 진단 도구, 보정 학습 자료 등 다양한 자료와 프로그램을 제공하는 사이트입니다. 국가 차원에서 만든 기초 학력 지원 인프라죠.

메인 홈페이지에서 주제별 자료를 클릭하고, 나타나는 페이지에서 교과 주제별 자료-초등 세부 메뉴를 클릭합니다. 스크롤을 살짝 내리면 초등학교 한글 해득 프로그램 '찬찬한글'이 나옵니다. '자료 제공' 탭을 클릭하면 학생용 교재와 교사용 지도서 등이 별도로 게시되어 있습니다. 차시별 학습 과정이나 학습상의 유의점 등에 대한 팁을 자세히 설명하고 있어서 엄마 선생님에게 큰 도움이 되는 자료입니다.

한글뿐만 아니라 학력 증진에 도움을 주는 다양한 주제별 학습 프로그램이 풍부합니다. 종종 방문해 활용해보세요.

〈한글이 야호〉

【 **사이트** 】 https://home.ebs.co.kr/yaho2

큰아이에게 한글을 가르칠 때 〈한글이 야호〉 DVD 세트를 구입하여 한글에 익숙해지도록 해주었습니다. 오래전에 만든 것이라 저화질 영상이었지만 큰아이는 무척 좋아했습니다. 최근에 〈한글이

야호 2) 버전이 출시되었는데 따로 구입하지 않아도 유튜브 등에서 영상을 볼 수 있습니다.

《기적의 한글 학습》 - 길벗스쿨

받침이 없는 글자는 《한글 떼기》 교재로 익숙하게 이끌었고, 각낙닥락막 등 받침 있는 글자로 넘어가는 단계에서는 길벗스쿨의 《기적의 한글 학습》 교재를 풀게 했습니다. 이것과 함께 〈한글이 야호〉 영상을 꾸준히 노출해줬더니 좋았습니다.

8칸 공책

읽기가 가능해지면 쓰는 훈련을 해야 합니다. 엄마표 교육 중심 블로그를 운영하는 온라인에서는 너도나도 다양한 교육 방법을 공유합니다. 가장 도움이 되는 엄마표 한글 쓰기 교재는 바로 8칸 공책이었습니다. 8칸 공책에 작은 점선으로 구분된 공책의 선을 따라 먼저 자 대고 직선 긋기, 자 대고 사선 긋기, 선 긋기 한 사이 공간 꼼꼼하게 색칠하기, 모양 자 대고 도형 그리기를 시킵니다. 이 단계를 지나서 자 없이 스스로 직선, 사선, 도형 그리기 단계로 넘어가면 됩니다. 바른 글씨를 쓰기 위해서는 필순과 악력을 기르는 게 가장 큰 힘이 됩니다.

초등학교 입학을 코앞에 두고 부랴부랴 한글 떼기를 지나치게 서두르기보다는 통글자, 낱글자 순으로 우리 아이의 한글에 대한 호기심을 일찍이 열어두는 것이 좋습니다. 그래야 조금은 여유롭게 초등학교 입학을 준비할 수 있으니까요.

| 국어 |
받아쓰기 노하우는 따로 있다

초등학교에 입학하면 받아쓰기 급수표를 받게 되고 매주 받아쓰기 시험을 치릅니다. 어른들 눈에는 대수롭지 않게 보이는 받아쓰기 시험일지라도 아이들 사이에서는 분위기가 사뭇 다릅니다. 받아쓰기 시험을 치르고 나면 몇 점 맞았냐며 친구들의 점수 결과를 궁금해하고 서로 점수를 공유하기도 합니다. 아이들끼리 보이지 않는 경쟁을 시작하는 거죠. 이를 통해 공부에 대한 자존감을 키우기도 하고 반대로 자존감이 낮아지기도 합니다. 심지어 받아쓰기 시험을 치르면서 커닝을 하기도 합니다. 이처럼 아이들에게 받아쓰기는 사소하게 볼 시험이 아니에요. 100점을 맞았을 때의 어른들 반응과 보상 또한 경쟁에 한몫을 차지합니다. 매주 치르게 되는 시험이므로 관심을 기울일 수밖에 없습니다.

그러면 어떻게 하면 보다 효과적으로 받아쓰기를 가르칠 수 있을까요?

먼저 간격 반복spaced repetition 학습이 있습니다. C.A. 메이스 교수가 쓴 《공부의 심리학》에서 처음 소개한 것으로 학습력을 높이는 방법입니다. 약간의 시간 공백을 두고 반복해서 학습하는 방법입니다. 즉 1일, 2일, 4일 등의 주기로 잊을 만하면(공백) 다시 반복하여 장기 기억으로 전환하는 반복 학습이죠. 아이의 받아쓰기 시험을 치를 때 이 방법을 사용해보세요. 매일 시험을 치르기보다는 첫날 치르고, 셋째 날 다시 치르고, 학교에서 받아쓰기 치르기 전날과 당일 아침에 다시 한 번 반복하여 시험을 치르는 방식입니다.

다음은 시험 기반test based 학습입니다. 효율적으로 암기하려면 인풋보다는 아웃풋 방식이 훨씬 효과적이라는 연구 결과가 있습니다. 계속 기억하려 노력하기보다는 기억된 내용을 끄집어내는 것이 보다 효과적이라는 말이죠. 시험을 치르면서 암기한 내용에 대한 확인 과정을 거치는 방식입니다. 예를 들어 영어 단어를 암기할 때도 스스로 시험을 치러서 제대로 암기했는지를 확인하는 과정을 거치도록 합니다. 이것이 바로 시험 기반 학습 원리입니다.

일단 받아쓰기 급수표를 보고 처음에는 1번부터 마지막 번호까지 소리 내어 읽어봅니다(훑어보기 단계). 두 번째는 1번 내용을 세 번씩 소리 내어 읽어봅니다. 그리고 세 번 혹은 다섯 번씩 손으로 직접 써봅니다. 이렇게 손으로 쓸 때는 청각을 자극하여 오감을 활용하여 읽는 방법이 훨씬 효과적입니다.

급수표에 있는 글자를 그대로 따라 쓰기를 많이 한다고 해서 그 결과가 비례하지는 않습니다. 오히려 별생각 없이 베껴 쓰기만 반복하는 경우가 많았습니다. 세 번 정도만 베껴 쓰고, 순간의 기억력을 동원하여 스스로 직접 써보라고 시키는 게 훨씬 효과적입니다. 지금 손으로 직접 필기한 문장을 암기했는지 스스로 점검해보는 것이죠. 문장을 손으로 쓰고(촉각), 눈으로 읽고(시각), 소리 내어 읽음으로써(청각) 기억 속에 입력된 정보를 적극적으로 끄집어내면 두뇌가 적극적으로 가동되는 것이죠.

이 방법을 활용하면 부모의 많은 도움 없이도 아이 스스로 받아쓰기 준비를 할 수 있습니다. 받아쓰기 시험 준비는 아이 스스로 하고, 저는 퇴근 후 첫날, 셋째 날, 주말에 한 번, 그리고 받아쓰기 시험을 치르는 당일 등교 전 아침에 받아쓰기 문항을 불러주고 채점을 합니다.

이 방법은 다른 공부에도 적용할 수 있습니다. 방과 후 영어 수업 시간에 처음 치르는 영어 단어 시험에서 아이가 어떻게 공부 방법을 잡아야 할지 모르기에 받아쓰기와 같은 방법으로 하라고 알려줬더니 영어 단어 시험에 자신감을 갖기 시작했습니다.

받아쓰기 관련 도움이 될 만한 책을 소개하고자 합니다. 현직 초등교사인 김수현 저자가 쓴《한 권으로 끝내는 초등학교 입학 준비》가 가장 큰 도움이 되었습니다.

1단계

받아쓰기 문제 2~3회 또박또박 읽기
한 글자 한 글자 눈으로 익히며 또박또박 문제를 읽게 합니다. 1번부터 10번까지를 전체적으로 반복해서 읽기보다 1번 문제를 세 번 연속해서 읽고, 2번 문제를 세 번 연속해서 읽고, 3번 문제를 세 번 연속해서 읽는 것이 아이들이 단어를 기억하는 데 훨씬 좋습니다.

2단계

받아쓰기 문제 2~3회 정도 종이에 적기
이때 아이가 글씨를 못 썼다고 나무라면 안 됩니다. 오히려 빨리 글자를 쓰면서 머릿속에 입력을 시키는 것이 받아쓰기에 더 효과적입니다.
아이가 1단계 문제를 읽는 연습을 했을 때 자연스럽게 읽어내지 못한 부분은 쓰기에도 어렵습니다. 그 부분은 여러 번 쓰도록 지도합니다.

3단계

엄마가 불러주면서 1차 테스트 후 채점하기
채점을 하면서 자신이 쓴 답안지를 읽는 연습을 한 번 더 시킵니다. 틀린 답안은 정답을 바로 공개하지 않고, 힌트를 주어 스스로 알아낼 수 있도록 도와줍니다.
아이가 "아하! 그거였지?"라고 말하는 순간이 바로 학습 효율이 최고가 되는 지점입니다.

4단계

틀린 문항만 몇 번 쓰게 한 뒤 2차 테스트
2차 테스트에서도 성적이 좋지 않다고 3차 테스트를 곧바로 진행하는 것은
그다지 효과가 좋지 않습니다. 차라리 그 다음 날 같은 시간에 다시 한 번 테
스트를 하도록 합니다.

탈무드 격언 중 이런 말이 있습니다.

"물고기 한 마리를 주기보다 물고기 잡는 법을 가르쳐라."

부모가 공부라는 물고기를 잡아주기보다 아이 스스로 물고기를
잡는 방법을 가르쳐주면, 아이는 혼자 공부를 하면서 수많은 시행
착오를 거쳐 자신만의 방법을 찾아갈 것입니다. 비록 어렵고 시간
이 오래 걸리더라도 그 과정을 통해서 아이는 더 큰 보람을 느끼고
공부의 토대도 단단히 다지게 됩니다.

|국어|
책을 좋아하는 아이로 키우는 법

많은 엄마들이 아이가 책을 좋아하지 않는다며 푸념을 하곤 합니다. 대부분의 부모가 내 아이에게 욕심내는 게 있다면 바로 '책을 좋아하는 아이'가 되는 것이 아닐까요? 독서가 공부와 직결되기도 하고, 요즘 '책 육아'라는 신조어가 생길 정도로 독서 열풍이 일어나고 있습니다.

읽기 독립을 시작하는 유아 시절을 지나 초등 저학년은 몰입 독서로 독서의 매력에 푹 빠지기 좋은 최적의 시기입니다. 고학년이 될수록 수학과 영어 등 교과 공부에 집중해야 하니까요. 그렇다면 어떻게 하면 책을 좋아하는 아이로 키울 수 있을까요?

사실 그 비법은 그리 대단하지 않은 것 같습니다.

주위를 둘러보면 부모가 어릴 때부터 잠자리에서 책을 읽어주거나, 평소 꾸준히 책을 읽어준 환경에서 자란 아이들은 책을 좋아하는 아이로 자라는 경우가 많습니다. 거실이나 방 등 집안 곳곳 손길 닿는 곳에 책이 있는 환경도 큰 몫을 차지합니다. 그동안 쌓아온 엄마, 아빠의 작은 정성이 빛을 발한 결과라고 생각합니다. 그렇다면 지금 시작하면 늦을까요? 아니라고 생각합니다. 책에서 멀어진 큰아이의 독서 습관을 돌려놓은 저의 경험에 비추어보면, 독서 습관을 들이는 나이에 '늦은 나이'란 없습니다.

저의 경우 큰아이를 기르며 요즘 흔히 말하는 거창한 책 육아까지는 아니더라도, 퇴근 후 매일 잠자리 독서를 실천했고 독서 기록도 꾸준히 남겼습니다. 그러나 둘째 출산이라는 환경 변화는 모든 것을 놓게 만들었어요. 출산 후 몸조리는 물론, 나약해지는 정신 조리도 함께 해야 했기에 그러한 습관을 유지할 수 없었습니다.

둘째 출산 직후 큰아이를 맡길 곳이 없어 조리원에서 함께 생활했습니다. 좁은 방 한 칸에서 제가 아이에게 해줄 수 있는 건 영어 애니메이션 보여주기였습니다. 저와 아이를 동시에 만족시키는 방법이었죠. 하지만 집으로 돌아온 후에도 상황은 달라지지 않았습니다. 밤중 수유로 인해 부족한 수면은 낮잠으로 채우고 모든 신경이 둘째에게 집중되는 사이, 큰아이는 자연스럽게 책과 멀어졌습니다. 영어 교육이라는 명백한 핑계 앞에서 큰아이는 영어 흘러듣기로 DVD 애니메이션에 과하게 몰입되었어요.

아이들은 자라면서 많은 변화를 겪습니다. 식성이 변하기도 하고, 성격이 달라지기도 합니다. 그래서 얼마든지 아이를 변화시킬 기회가 있습니다. 흘러가는 지금, 이 순간에도 말이죠.

어떻게 하면 아이가 책을 좋아하게 될까요? 이를 위한 여러 가지 당근이 있습니다. 제가 큰아이에게 쓴 '당근'들을 소개합니다.

첫째, 유대인 꿀맛 교육을 응용하세요.

유대인들은 자식들에게 꿀맛 교육을 시킨다고 합니다. 아이들에게 경전을 읽게 할 때 책에 꿀을 묻혀놓고는 학문이란 이렇게 꿀맛처럼 달콤하다고 가르친다고 합니다. 학습이 아니라 배움은 재미있다고 말이죠. 이것을 응용해서 실천하는 겁니다.

"책 읽어!" 하고 잔소리하는 대신 과자나 아이스크림 등 맛있는 간식을 먹을 때 "책 보면서 먹어봐."라고 말했습니다. 아이는 눈앞에 펼쳐진 그림책과 혀끝으로 느끼는 달콤함이 동시에 느껴지는 독서 시간을 좋아하기 시작했습니다. 맛있는 간식이 있으면 당연한 습관처럼 읽을거리를 찾는 행동을 하기 시작한 거죠. 이제는 밥 먹을 때도, 화장실에서도, 간식을 먹을 때도 아이는 책을 읽습니다.

둘째, '칭찬 스티커'를 써서 읽기 독립을 유도하세요.

읽기 독립. 한글을 떼고 나서 책을 읽을 수 있는 수준을 말하는 게 아니라, 부모님이나 선생님이 시키지 않아도 스스로 책을 펼쳐서 읽는 습관을 말합니다. 그러나 읽기 독립은 하루아침에 이루어지지 않습니다.

큰아이가 한글을 읽을 수 있게 되었을 무렵, 낭독하기 부담 없는 책을 한 권씩 읽을 때마다 칭찬 스티커를 붙여주었습니다. 그때는 통 크게 원하는 장난감을 사주기도 했습니다. 지금은 아이가 둘이나 되니 부담스러워서 그렇게 해주지는 못합니다.

둘째가 읽기 독립이 가능해지면서 칭찬 스티커 제도에 합류했습니다. 아이들은 서로 누가 칭찬 스티커를 더 많이 모으는지 경쟁했습니다. 둘째는 오늘 하루쯤은 게으름을 피워야지 하다가도 형이 책상에 앉아 책을 읽는 것을 보고는 자신도 책을 펼칩니다. 저절로 동기 부여가 되는 것이죠. 다섯 살이라는 적지 않은 터울이 나는 형제라도 아이들은 선의의 경쟁 상대가 되었습니다.

하나둘씩 늘어나는 칭찬 스티커를 보는 아이들의 자존감은 물론 성취감도 배가 됩니다. 원하는 목표를 달성하는 기쁨으로 자기효능감도 키울 수 있습니다. 우리 아이는 책을 좋아하지 않는다고 푸념하기보다는 엄마만의 방법으로 아이가 책을 더 가까이할 수 있도록 유도해보세요.

셋째, 도서관과 친해지세요.

저는 별다른 일이 없으면 주말마다 아이들을 데리고 도서관으로 향합니다. 도서관에 도착 후 아이들에게 1,000원 혹은 2,000원을 쥐어줍니다. 그러고는 아이들은 시청각실로, 저는 성인 도서 열람실로 향합니다. 아이들은 시청각실에서 애니메이션을 본 후 어린이 열람실에서 읽고 싶은 책을 봅니다. 그사이 저는 저만의 독서 시간을 누립니다. 아이들, 특히 둘째는 조용히 책을 읽는 형과 누나들의 모습을 자연스럽게 접합니다. 간혹 서가에서 집에 있는 책과 똑같은 책을 발견하면 반가워합니다.

책을 보다가 배가 고프면 엄마가 준 용돈으로 매점에서 먹고 싶은 간식을 직접 고르고 계산까지 합니다. 어른 흉내를 내볼 수 있는 것이죠. 매점에서 2,000원을 손에 쥐고 한도 내에서 원하는 것을 살 수 있는 선택권을 가지는 것은 아이들에게도 짜릿한 경험입니다. 사실 큰아이에게는 이런 방법이 필요 없지만 다섯 살 어린 둘째에게는 도서관에 대한 당근이 필요하기에 저만의 비법으로 내밀고 있는 방법의 하나입니다.

그 덕분에 아이는 도서관이라는 곳은 원하는 간식을 사 먹을 수 있고, 재미있는 책을 실컷 볼 수 있는 곳이라며 좋아합니다. 어릴 때부터 도서관에 대한 긍정적인 이미지를 갖도록 노력한 덕분이죠.

제가 이렇게 독서에 매달리는 이유는, 사실 성적 향상이라는 단기적인 욕심보다는 훗날 아이가 어른이 되어 어려움에 처했을 때 책을 통해 힘을 얻기를 바라는 마음에서입니다. 삶이 힘들 때 에세이가 안겨주는 위로의 메시지에 힘을 얻고, 자기계발서를 통해 현재보다 더 불우한 환경에서도 눈부시게 성장한 경험담을 접하면서 다시 일어설 용기를 얻었으면 합니다. 때로는 쉬고 싶을 때 치열한 현실은 잠시 잊고 소설 속 세계를 간접 경험하면서 삶의 쉼터로 삼기를 바랍니다. 좋은 책을 읽는 것은 과거 몇 세기의 가장 훌륭한 사람들과 이야기를 나누는 것과 같다는 데카르트의 명언처럼, 독서에서 위로와 용기를 얻었으면 좋겠습니다.

"우리 아이는 책을 안 좋아해요."라고 푸념할 시간에 어떻게 하면 책을 좋아하는 아이로 자라게 할지를 고민해보세요. 어떻게 하면 아이가 책 읽기에 재미를 느낄 수 있을지 여러 가지 방법을 고민하고, 이 책이 제시하는 방법도 시도해보면 달라진 내일의 우리 가정을 만들 수 있을 것입니다.

|국어|
독서만으로 잡을 수 있을까?

부모라면 열이면 열 우리 아이가 책을 좋아하는 아이로 자라기를 바랍니다. 독서를 하면 배경지식이 넓어지고, 어휘력이 풍부해집니다. 그리고 책을 좋아하는 아이는 국어 성적도 좋을 거라는 기대 역시 한 부분을 크게 차지하고 있습니다. 하지만 독서만으로 두 마리 토끼를 잡을 수 있을까요? 국어와 독서는 조금 다른 영역이라고 생각합니다.

〈알쓸신잡(알아두면 쓸데없는 신비한 잡학사전)〉이라는 TV 프로그램을 다들 아실 겁니다. 문학 박사 김영하, 수다 박사 유희열, 잡학 박사 유시민, 미식 박사 황교익, 과학 박사 정재승 등 다양한 분야의 내로라하는 전문가들이 함께 여행을 하면서 이런저런 대화를 나누는 프로그램이죠.

김영하 작가는 자신의 소설이 교과서에 실리는 것을 완강히 반대했다고 합니다. 문학은 자기만의 답을 찾기 위해서 보는 것이지 작가가 숨겨놓은 주제를 찾는 보물찾기가 아니기 때문이지요. 이 말을 해석하면, 독서가 자기만의 답을 찾는 과정이라면 국어 공부는 나만의 답이 아니라 '문제'의 답을 찾는 과정이라는 것을 알 수 있습니다.

교과 국어 공부는 국어 교과서에 수록된 도서의 한두 단락 지문 속에서 문장의 핵심 내용을 제대로 파악했는지, 지문 속에서 일어나는 사건 그리고 배경을 이해했는지 여부를 파악하는 것입니다. 독서가 인풋의 과정이라면 국어 공부는 인풋에 대한 확인을 요구하는 과정입니다. 따라서 국어 문제의 유형 파악 및 해결 방법을 익히려면 독서가 아닌 다양한 문제 풀이를 해봐야 합니다.

하지만 초등 저학년 때부터 국어 문제 풀이를 해야 한다고는 생각하지 않습니다. 많은 학부모들이 공교육을 접하는 아이의 학습 진도에 맞춰 꾸준히 문제집을 풀게 하자는 의욕으로 모든 교과과목의 문제집을 사곤 합니다. 하지만 결론은 문제집도 끝까지 풀기 힘들고, 교과 진도에 맞춰서 문제집을 풀수록 아이의 독서는 뒷전으로 밀려나기 일쑤입니다. 저 역시 아이를 키우면서 이와 같은 시행착오를 겪었고, 이를 통해 내린 결론은 다음과 같습니다.

초등 저학년인 1, 2학년에는 독서가 습관이 될 수 있도록 책 읽는 시간을 최대한 확보합니다. 그리고 단원 평가를 중점적으로 하는 수학 문제집을 풀게 합니다. 3학년이 되면 국어 문제집을 따로 풀게 합니다.

1, 2학년까지는 국어 문제집을 풀게 하지 않아도 교과 진도를 따라가거나 국어 단원 평가를 치르는 데 어려움이 없습니다. 3학년부터는 교과목이 급작스럽게 늘어나면서 엄마들도 학습에 대한 부담감이 커지게 되죠. 1, 2학년 때까지만 해도 봄, 여름, 가을, 겨울, 학교, 이웃이라는 통합 교과가 사회, 과학, 영어, 음악, 미술로 세분화됩니다. 이때부터는 학교 시험을 준비해야 하는 시기이기 때문에 국어 교과용 문제집도 수학과 마찬가지로 신경 써서 풀게 해야 하는 것이죠.

그렇다면 국어 공부가 먼저일까요? 독서가 먼저일까요?

거시적인 관점에서 국어 공부가 학교 내신을 위한 단편적인 공부라면 독서는 입시 성적, 즉 수능 대비를 위한 장기적인 공부입니다. 수능은 벼락치기로 가능한 단편 지식으로 암기해서 치를 수 있는 시험이 아니라 19년간 쌓아온 공부력과 독서력을 검증하는 시험입니다. 따라서 국어 공부와 독서에 대해 닭이 먼저냐 달걀이 먼저냐 식의 딜레마에 빠지지 마세요. 공부의 밑바탕에는 독서 습관이라는 초석이 다져져야만 더욱 빛을 발하기 때문입니다.

독서와 국어 공부는 떼려야 뗄 수 없는 관계입니다. 많은 교육학자들에 따르면 아이의 학습 부진에는 다양한 이유가 있지만, 대표적인 지표 중 하나가 어휘력 부족입니다. 국어는 물론 수학이나 사회, 과학 등 다른 과목의 학습 부진의 원인이 부족한 어휘력이라는 뜻이죠. 문제를 이해하고 해결하려면 주어진 문제에 대한 이해가 뒷받침되어야 하는데 단어의 뜻을 모른다면 해결 능력이 발현될 수 없으니까요.

독서로 어휘력을 확장하는 것도 좋지만, 조금 더 집중적으로 강화하고 싶은 마음이 있는 분들에게 추천하고 싶은 어휘력 문제집이 있습니다. 이러한 문제집들은 매일 소화하기에는 교과 공부에 치여 조금 버거울 수 있으니 일주일에 두 번 정도만 풀게 해도 무방합니다. 저는 주말에만 풀게 하고 있습니다.

《초등국어 독해력 비타민》-시서례

설명문, 논설문, 인물 이야기, 시, 동화와 같이 다양한 장르의 글을 단락으로 쉽게 접할 수 있고, 무엇보다 제시문을 정확하게 이해하는 데 중점을 둔 문제집입니다.

1단계부터 6단계까지 모두 6단계로 구성되어 있으며, 각 단계가 해당 학년의 학습 과정과 연관성이 있으므로 자녀의 학년과 같은 단계를 선택하면 됩니다. 읽기 능력에 개인차가 있으므로 능력에 맞는 단계를 선택하는 것이 더욱 중요합니다. 이 문제집의 강점은 제시문의 문제 유형을 핵심어, 제목, 주제, 요약, 추론, 적용, 구조,

배경 등 열두 가지 유형으로 구분하고 있다는 점으로 독해력을 빈틈없이 기르는 데 도움을 줍니다.

이 문제집을 최대한 '지저분하게' 활용해보세요. 아이에게 제시문에서 핵심어를 찾아 동그라미를 그리라고 하고, 각 문단의 중심 문장에 밑줄을 긋도록 하는 거예요. 제시문을 요약할 때는 해당 본문을 찾아 밑줄 긋고 문장을 완성해보라고 하고요. 그렇게 훈련하다 보면 차츰 제시문을 꼼꼼하게 읽고 이해하게 되며, 독해력도 좋아집니다. 양은 조금 많은 편입니다.

《어린이 훈민정음》-시서례

교과서에서 눈에 익은 어휘는 비교적 쉽게 받아들이고 수업 내용을 쉽게 이해할 수 있는 힘이 됩니다. 독서를 좋아하는 아이는 기본적으로 어휘력이 풍부하지만 생각 외로 당연히 익혔을 거라 생각한 어휘를 알지 못하거나 맞춤법 및 띄어쓰기 실수를 하는 경우가 많습니다. 《어린이 훈민정음》은 그런 아이들을 위한 책으로, 교과서 관련 어휘력을 길러주는 학습 교재입니다. 맞춤법, 발음, 띄어쓰기, 원고지 사용법, 기초 문법 등 어휘력을 기르기 위한 다양한 문제 유형을 접할 수 있습니다. 초등 저학년 때 사용하는 칸 공책을 활용해 여기에 직접 수정 및 반복하는 과정을 거치도록 하면 조금씩 띄어쓰기에 대한 감을 익힐 수 있습니다.

독서를 통해 습득한 어휘력이나 독해력을 조금 더 학습적인 측면으로 보완해줄 수 있는 교재로, 조금 더 일찍 접하지 못해 아쉬울 정도입니다. 문제 양도 많지 않아 주말에 부담 없이 풀 수 있는, 아이와 부모 모두 만족스러운 문제집 중 하나입니다.

|영어|
파닉스를 꼭 떼야 할까?

대한민국에서 파닉스 교육의 필요성에 대해서는 오랫동안 많은 논쟁이 있었습니다. 지금도 그 논쟁은 계속되고 있고요. 우리 모국어인 한글도 마찬가지로 조기 교육에 대한 찬반 주장이 팽팽합니다. 이른 한글 교육은 상상력의 날개를 꺾는 것과 같다거나, 기호나 그림에 불과한 글자를 인지함으로써 세상을 이해할 수 있는 단서를 확장할 수 있다 등등 서로의 의견이 치열합니다.

큰아이가 접한 영어 사교육은 초등학교 3학년부터 시작한 방과 후 영어 수업입니다. 사실 1, 2학년 때도 방과 후 영어 수업이 있었지만, 3학년에 올라가서야 영어 수업을 듣게 했습니다. 차량으로 이동할 필요 없이 교내에서 안전하게 진행하고 비용도 저렴해서 꾸준히 하게 했습니다. 레벨은 그동안 영어 사교육을 접해보지 않았기에 기초반으로 신청했습니다. 그런데 우연히 방과 후 교사와 통화를 하고 다소 충격을 받았습니다. 기초반이지만 반 아이들 대부분이 파닉스는 기본으로 익히고 들어오는 수준이라는 겁니다. 우리 아이처럼 파닉스를 해보지 않은 일부 아이를 위해서 별도로 가르칠 수 없으니 집에서 파닉스 정도는 챙겨달라고 했습니다.

파닉스란 단어의 소리와 알파벳 글자 사이의 규칙을 배우는 방식으로, 알파벳 26자의 발음과 음성 규칙 40개를 익혀 영어 단어를 자연스럽게 읽고 말하도록 하는 언어 교수법입니다. 많은 이들이 파닉스에 의구심을 가지는 이유는 뭘까요? 파닉스 음가를 적용하는 읽기 발음은 영어의 70퍼센트 정도에 불과하기 때문입니다. 파닉스를 배웠다고 해도 영어에 변칙적으로 적용되기에 오히려 아이들이 혼란스러워한다는 사례도 많고요.

지금까지 파닉스 교수법은 보통 영어 교습소와 영어 공부방 등 주로 사교육 현장에서만 활용되어 왔습니다. 따라서 사교육을 접하지 않은 학생들은 파닉스 교육법을 접할 기회가 적었습니다.

하지만 교육의 변화는 이루어지고 있습니다. 2020년부터 강원도 교육청에서는 영어 교육 내실화를 위해 사교육 현장에서 주로 활용되는 파닉스 교육법을 공교육 현장에도 도입한다고 합니다.

대부분의 초등 영어 교육은 놀이를 중심으로 흥미를 유발하는 데 집중돼 있습니다. 문제는 초등학교 과정을 마친 후 중등 교육으로 가면 발생합니다. 영어를 읽고 발음할 수 있는 능력을 제대로 갖추기도 전에 중학교에서 바로 교과서 위주로만 수업이 진행되면서 뒤처지는 학생들이 나오는 것이죠. 강원도 교육청은 이와 같은 격차를 줄이기 위해서 초등 영어 과정에 새로운 교육 방식을 도입하기로 한 것입니다. 영어 교과에서 기초 읽기와 쓰기 교육을 확대하는 파닉스 교육을 추진하는 방식으로 변화하고 있습니다. 교육 현장에서 파닉스의 중요성을 인식한 것이죠.

파닉스에 대한 제 생각이 바뀐 이유는 따로 있습니다. 학습의 이해도는 어휘력에서 나오는데 영어 역시 어휘 뜻을 이해하지 못하면 문맥의 흐름을 이해하지 못할뿐더러 질문에서 요구하는 본질을 이해하지 못합니다.

큰아이는 영어 단어 시험을 치를 때 스펠링을 헷갈려 했습니다. 영어 단어 역시 무작정 암기하는 게 답은 아니지만, 어떻게 이 단어를 조합해서 외워야 할지 어려워했습니다.

다시 말해 파닉스는 영어 리딩이나 단어 암기에도 많은 도움이 됩니다. 만약 영어 단어 student를 암기한다면 s-tu-den-t 식으로 음절 단위로 끊어서 이해하도록 하면, 그 후에는 영어 단어 암기가 수월해지고 스펠링에 대한 혼란도 현저히 줄어듭니다. 그러면서 영어 단어 암기에 자신감이 생기더군요. 방법을 알게 된 것이죠. 모든 영어에 규칙적으로 파닉스 음가를 적용하지 않더라도 단어 암기에 꽤 도움이 되며 책 읽기 속도도 높여줍니다.

집 공부로 파닉스 떼기에 좋은 교재 및 방법을 알려드리겠습니다.

미취학 아동

《ABC Adventures》

처음 파닉스를 접하는 미취학 아동에게 적합한 교재입니다. 선 긋기, 가위로 오리기, 색칠하기, 풀로 붙이기, 스티커 놀이 등 다양한 영역 활동으로 구성되어 있습니다. 영어로 수 읽기, 간단한 수 연산, 색깔 인지, 도형 인지, 알파벳 대소문자 인지 등 영어의 기초를 전반적으로 다룹니다.

하이브리드 CD가 별도로 수록되어 있을 뿐만 아니라 무료로 다운받을 수 있는 앱도 있습니다. 앱의 학습 기록이 누적되면 별의 개수 또한 축적됩니다. 그러면 자신의 캐릭터가 알에서 병아리로, 병아리에서 다음 단계로 점진적으로 진화합니다. 따로 영어 공부하자고 말하지 않아도 별 개수를 늘리고 캐릭터를 진화시키기 위해서 열심히 반복 학습을 하게 됩니다. 아이들의 학습 동기를 즐겁고 유쾌하게 이끌어줍니다.

학부모 입장에서는 자녀의 교육 진도를 효과적으로 관리할 수 있습니다. 마이 페이지에서 학습 상태 보기로는 전체 학습 진행률을 확인할 수 있습니다. 각 유형별 진행률을 파악하고 어디까지 완료했는지 확인 가능합니다. 하단에 학습 이력 메뉴는 각 유닛별 알파벳 진도율을 확인할 수 있으므로 학부모와 아이의 니즈를 충족시키는 앱입니다.

이 교재가 파닉스 및 영어 학습 입문서라고 하는 이유는 집중시간이 짧은 아이들을 위해 손을 이용한 조작 활동으로 이루어지는 학습 유형이 많기 때문입니다. 액티비티 활동이 많아서 아이들이 지루해하지 않습니다. 연필을 손에 쥐고 들고 쓰기만 하는 것이 아니라 영어를 청각, 시각, 촉각 등 다양한 형태로 접하게 해주는 교재입니다.

초등

〈스마트 파닉스〉-이퓨쳐출판사

영어 유치원이나 영어 학원에서도 사용하는 파닉스 교재로 유명합니다. 레벨 1단계부터 5단계까지 있습니다. 교재 뒤편에 별도로 하이브리드 CD가 부착되어 있으나 번거로운 CD 재생 없이 앱을 이용해서 듣기 교육을 편리하게 할 수 있습니다.

무엇보다 이 교재의 가장 큰 장점은 회원 가입 절차 없이 누구나 무료로 이용할 수 있는 앱이 있어서 복습으로 활용하기에 좋다는 점입니다. 아이들이 흥미를 느낄 수 있는 게임이나 퍼즐 등이 포함되어 있습니다. 학습 후 복습 개념으로 앱을 활용하면서 그날 배운 단원을 확인합니다.

애니메이션(DVD)

파닉스를 애니메이션으로 접하면서 즐겁게 익히는 방법입니다. 추천하고 싶은 영상은 〈Super WHY〉, 〈알파블록스〉, 〈립 프로그〉 등입니다. 먼저 유튜브로 아이가 흥미를 느끼는지를 미리 확인한 다음 영상 노출과 병행하면 파닉스를 익히는 데 도움이 됩니다.

저희 집의 경우 〈Super WHY〉를 즐겨 봤습니다. 이 애니메이션은 미국에서 2007년 아이들의 영어 교육용으로 제작되었습니다. 네 명의 슈퍼 영웅들과 함께 알파벳, 파닉스, 리딩까지 접할 수 있어서 편리합니다.

|영어|
영어 학습 친구, 흘려듣기

영어는 영역별로 추구하는 목표가 조금씩 다릅니다. 말하기와 듣기는 모국어를 배우는 것과 같이 오랜 시간 인풋을 통해서 저절로 아웃풋이 되는 언어의 습득 단계라고 한다면, 읽기와 쓰기는 저절로 습득되는 것이 아니라 교육을 통해서 생기는 역량입니다. 정리하자면, 듣기와 말하기는 태어나 저절로 습득되어 구사할 수 있지만 읽기와 쓰기는 학습이 이루어져야 합니다. 따라서 의사소통을 목적으로 말하기와 듣기를 배우는 것이라면 모국어 습득 순서에 따라 배워야 합니다.

예전에는 읽기와 쓰기 위주의 영어 학습 방법이 주를 이루었습니다. 그러한 학습 방법은 영어에 흥미를 잃게 만들었죠. 그래서일까요? 현재 직장에서 해외 영업팀의 신규 직원을 채용할 때 토익 점수는 높은데 회화가 서툰 지원자를 종종 봅니다.

그동안의 대한민국 공교육이 문법과 독해 위주의 구시대적 영어 학습 방법이었다면 요즘은 4차 산업혁명 시대에 접어들면서 흐름이 많이 바뀌고 있습니다. 영어를 학습하던 시대에서 습득하는 흐름으로 바뀌고 있는 것이죠.

요즘은 여러 저가 항공사 덕분에 해외로 떠나는 문턱이 많이 낮아졌습니다. 그로 인해 영어라는 무기로 해당 언어를 사용하는 문화 속에 스며들 수 있고 그들의 언어 속으로 더 깊이 파고들 수 있습니다. 영어를 활용할 기회가 많아진 것이죠.

영어 듣기와 말하기 실력을 키워주기 위해 활용할 수 있는 좋은 툴이 바로 《잠수네 아이들의 소문난 영어공부법》입니다. 자막 없이 동영상을 보거나 책 없이 오디오북을 듣는 흘려듣기, 영어책을 펴고 손가락이나 연필로 오디오 CD가 읽어주는 것을 짚으며 듣는 집중듣기, 책읽기의 과정을 거치며 영어를 원어민처럼 습득할 수 있습니다.

저는 워킹맘이라 출근 전에는 정시 출근을 목표로 아침 시간을 분주하게 보내고 퇴근 후에는 저녁 준비로 부산스럽습니다. 그런데 둘 다 정신없는 상황이어도 아침과 저녁의 패턴이 조금 다릅니다. 저녁에는 외식이나 회식, 그리고 야근 등 다양한 변수가 존재합니다. 하지만 아침은 다릅니다. 출근 전까지 매일 똑같은 패턴을 반복할 수 있습니다. 이 아침 시간을 잘 활용해야 합니다.

아침에는 영어 흘려듣기를 시키기 위해 거실에 영어 애니메이션을 틀어놓습니다. 아침 식사를 준비하는 30분, 퇴근 후 저녁을 준비하는 동안 아이들은 흘려듣기를 합니다. 잠수네 영어 공부에서 권장하는 흘려듣기 하루 3시간은 채우지 못하더라도 영어에 익숙해지도록 노력합니다.

이렇게 꾸준히 반복하다 보니 아이들이 제법 영어를 알아듣습니다. 하루는 둘째가 애니메이션 〈카이유〉를 보면서 "엄마, 앤트가 개미야?", "엄마, 패스트가 빠르다는 뜻이야?"라고 질문을 합니다. 화면을 보고 귀에 들리는 소리를 연결하면서 나름 뜻을 짐작해보는 것이죠.

얼마 전에는 큰아이가 〈제로니모의 모험〉을 보면서 이런 질문을 합니다. "엄마, 마미가 미라인가요?" 저의 어쭙잖은 지식으로 마미는 당연히 엄마라고 했다가 뒤늦게 포털 사이트에 검색해보고 부끄러워지더라고요. 'mummy'는 '미라'라는 뜻도 있었거든요.

여러 가지 이유로 꾸준히 흘려듣기를 하기가 쉽지 않지만 포기하지 않으려 합니다. 무엇보다 영어가 귀에 익숙해지는 것이 중요하다고 생각하면서 계속 흘려듣기를 하며, 작심삼일이 모여 변화를 이루리라 믿습니다.

아이들이 토익 만점을 받기보다는 좋아하는 영화를 자막 없이 시청했으면 좋겠고, 좋아하는 팝송을 부담 없이 즐겼으면 좋겠습니다. 나아가 독서도 마찬가지로 번역 없이 원본 그대로 즐겼으면 좋겠습니다. 다음은 아이들에게 보여주면 좋은, 공부도 되고 재미도 있는 애니메이션입니다.

리틀팍스

[사이트] https://www.littlefox.co.kr

영상물 위주로 편성된 영어 교육 프로그램으로 흘려듣기용으로 좋습니다. 무엇보다 영어 수준별로 구분되어 있어 난이도가 낮은 레벨부터 높은 레벨까지 정리할 수 있습니다. 영상 시청 후 퀴즈나 액티비티 프로그램으로 독후 활동을 이어갈 수 있습니다. 하나의 아이디로 자녀별로 따로 설정할 수 있어서 형제 또는 자매가 있는 경우에 가성비가 뛰어납니다. 세계 명작, 미스터리, 판타지, 전래동화, 학교 및 일상, 과학 및 자연 등 다양한 장르를 제공하고 있습니다. 동화뿐만 아니라 동요, 게임, 영상 시청 후 퀴즈 게임 등으로 영어에 대한 액티비티 콘텐츠를 제공하고 있습니다. 학습 후 배지와 상장을 부여하고 있어서 아이들의 학습 의욕에 동기 부여가 됩니다.

라즈키즈

[사이트] https://cafe.naver.com/rhkrazkids

라즈키즈는 리딩과 퀴즈 위주로 구성된 프로그램입니다. 영어 교육으로는 엄마들 사이에서 가성비가 뛰어난 영어 도서관 프로그램으로 통합니다. 논픽션 도서가 많고 사이언스를 추가하면 과학책도 단계별로 읽을 수 있습니다. 한 단계에 20권의 책으로 구성되어 있어서 레벨업하는 성취감을 빠르게 느낄 수 있습니다.

시각 자극이 적고 게임이 없어서 심플한 반면 지루하다는 단점이 공존하는 프로그램이기도 합니다. 대신 별을 모아 캐릭터를 꾸미는 재미로 영어책 읽기에 대한 동기 부여를 합니다.

형제나 자매는 하나의 계정에 한 명만 등록할 수 있습니다. 아이가 컴퓨터로 영어 읽기 녹음을 하면 들을 수 있습니다. 에듀팡 사이트(https://edupang.com)에서 구매할 수 있으며, 공식 사이트에서 무료체험도 가능합니다. 라즈키즈의 레벨 변경은 네이버 공식 카페에서 신청할 수 있습니다.

넷플릭스

【 사이트 】 https://netflix.com/kr

리틀팍스나 라즈키즈가 절제되고 정형화된 언어 학습용이라면, 넷플릭스는 흥미 위주, 실생활 회화 위주입니다. 키즈 채널에서는 디즈니 픽사 영어 DVD부터 아이들 영어 애니메이션 등도 제공하고 있습니다.

잠수네 영어에 있는 DVD를 일일이 검색하고 찾을 시간이 부족하거나 번거롭다면 넷플릭스 사이트에서 키즈 애니메이션을 적극적으로 활용하는 건 어떨까요?

추천 키즈 콘텐츠

- 매직 스쿨 버스(The Magic School Bus)
- 맥스 앤 루비(Max and Ruby/토끼네 집으로 오세요)
- 페파 피그(Peppa Pig)
- 벤 앤 홀리(Ben and Holly)
- 마이 리틀 포니(My Little Pony)
- 스토리봇츠(StoryBots)
- 큐리어스 조지(Curious George)
- 위 베어 베어스(We Bare Bears)
- 출동! 파자마 삼총사(PJ Masks)
- 헬로 닌자(Hello Ninja)
- 칩 앤 포테이토(Chip and Potato)

|영어|
티끌 모아 태산을 만드는
하루 영어단어 다섯 개

우리나라에서는 초등학교 3학년이 되면 교과목으로 영어를 접하게 됩니다. 큰아이가 영어 교과목을 접하는 3학년부터 방과 후 영어 수업을 병행하게 했습니다. 앞서 이야기했듯이, 사실 그전까지는 영어 교육에 크게 신경을 쓰지 않았습니다. 그저 간헐적으로 흘려듣기나, 천 권 집중 듣기 목표를 세워두고 달렸다 쉬기를 반복했죠.

그리고 영어 단어 암기에도 큰 의미를 두지 않았습니다. 영어 역시 언어이기에 문맥상에서 단어의 뜻을 유추해내는 능력이 더 중요하다고 생각했기 때문입니다. 제가 영어 학습법으로 가장 먼저 접한 잠수네 영어 공부법에서는, 책을 많이 읽으면 단어 암기나 문법 학습 또는 문장 해석 없이 영어책도 한글책처럼 문맥상에서 어휘의 뜻을 유추해내며 읽을 수 있다고 합니다. 하지만 저는 그리 부지런한 성격도 아니고, 흘려듣기 목표량을 채워줄 정도의 물리적인 환경도 안 되어서 절충형 학습법을 선택했습니다.

그러나 아이가 커갈수록 생각이 바뀌었습니다. 학습 능력에 큰 힘이 되는 것은 '어휘력'인데 책이나 문맥 속에서 유추해내는 능력도 중요하지만, 유추해내는 능력 또한 기본적으로 쌓아놓은 어휘력이 밑바탕이 되어야 한다고 생각했거든요.

4학년 1학기 방과 후 영어 수업 시간에 영어 단어 시험을 치른다기에 아이에게 영어 단어를 암기하도록 한 게 시작이었습니다. 그런데 2학기에 1학기 때 가르쳤던 방과 후 영어 교사가 개인 사정으로 그만두면서 영어 단어 시험은 더 이상 시행되지 않았습니다. 그럼에도 큰아이는 이후에도 꾸준히 하루 5개씩 영어 단어를 암기하고 있습니다.

퇴근 후 제가 영어 단어를 불러주면 아이는 스펠링과 뜻을 적습니다. 그리고 나면 채점을 해서 틀린 단어는 다섯 번씩 쓰고 틀린 단어만 재시험을 치릅니다. 이렇게 한 달이 되면 그동안 틀린 단어를 모아서 다시 시험을 치릅니다.

19세기 후반에 헤르만 에빙하우스가 기억 혹은 망각에 관해 연구한 결과를 보면, 학습 직후에 망각이 매우 급격하게 일어나며 학습 직후 20분 내에는 무려 41.8%가 망각된다고 합니다. 즉 학습 직후에 망각이 가장 빨리 일어난다는 뜻입니다. 따라서 학습한 내용을 오래도록 기억하기 위해서는 반복 학습과 시간 간격을 두고 규칙적으로 여러 번 수행하는 분산 학습이 더 효과적이라는 결론을 내릴 수 있다고 합니다.

결국 단기 기억이 장기 기억으로 전환되려면 기억에서 잊힐 때쯤 시간차를 두고 다시 한번 반복하는 학습을 통해서 장기 기억으로 바꿔주어야 한다는 뜻입니다.

제가 아이의 영어 단어 암기를 위해서 사용한 툴을 알려드리겠습니다. 약간의 노력만 기울인다면 유용한 엄마표 학습 사이트를 찾을 수 있습니다.

잉글리시버스

【 사이트 】 http://englishbus.co.kr

키출판사에서 출간된 《초등 영문법, 문법이 쓰기다》 시리즈가 있습니다. 처음 이 교재를 통해서 해당 출판사 사이트에 접속하게 되었습니다. 회원 가입을 하고 '학습 자료실'에 접속하면 시리즈별로 복습하기 좋은 자료가 게시되어 있습니다. 문법, 쓰기, 읽기 영역별로 구분하여 각 영역에 해당하는 학습마다 워크시트 및 단어 암기장을 무료로 제공하고 있습니다. 저는 처음에는 키출판사 사이트에서 무료로 게시하고 있는 단어 암기장을 참고했습니다. 그중에서 〈교육부 지정 필수 단어 800〉을 출력해서 이용하고 있습니다. 이 출력물은 영어 단어와 뜻 그리고 옆 칸에 표시 여부를 체크할 수 있는 양식이 갖춰져 있어서 편리합니다. 영어 단어와 의미를 정리하기 편하도록 편집한 자료가 많아서 엄마표 학습에 매우 유용했습니다.

무엇보다 이 사이트에는 단어 암기장뿐만 아니라 챕터별 게임이며, 엄마표 테스트를 치르기에 편리한 다양한 자료를 제공하고 있습니다. 꼭 키출판사 교재를 통한 추가 보강 학습 자료만이 아니라 집 공부로 활용하기 좋은 자료가 많아 자주 애용합니다.

클래스카드

[사이트] http://www.classcard.net

저는 아이들의 학습을 놀이 형태로 이끌어주기 위해 무던히 노력합니다. 공부에 왕도는 없다고 하지만 반복이 아니고는 내 것으로 만들기 힘든데, 아이들에게는 반복이라는 이 수행 과정이 지루하게 느껴지기 때문입니다. 그래서 클래스카드라는 웹 사이트를 이용하여 퀴즈 형태의 게임으로 아이들의 학습 의욕을 긍정적으로 유도하는 것도 좋은 방법의 하나였습니다.

부모가 직접 클래스카드 사이트에서 단어 암기장, 개념 사전 등 다양한 형태의 문제를 생성할 수 있습니다. 개인적으로는 왜 이 사이트를 조금 더 일찍 알지 못했을까 후회스러울 정도입니다. 아이에게는 퀴즈 유형으로 자연스럽게 반복 학습으로 이끌어주고 부모에게는 집 공부 시험지며 암기 카드, 워크시트 등 다양한 출력물을 무료로 얻을 수 있게 해줍니다. 모두에게 편리한 학습 시스템을 갖춘 사이트로서 반복 학습을 이끌어주기에도 유용합니다.

무료로 회원 가입을 하는데 부모님은 학원 선생님 계정으로 가입하고 아이는 학생 계정으로 가입을 합니다. 부모님(학원 선생님) 계정으로 학급을 개설한 후 학생(자녀)의 ID를 입력하여 학생을 추가 등록합니다. 그리고 세트 만들기를 선택합니다. 초등 영어 교과서에서 아이의 학년에 맞는 영어 교재의 출판사를 선택해서 클래스에 추가하면 학교에서 배우는 영어 교과서에 연계된 영어 단어 리스트가 자동으로 구성됩니다. 저는 여기에 더해, 제가 직접 단어 세트를 입력하여 그동안 암기한 영어 단어 문제를 생성했습니다. 과거에는 제가 직접 영어 발음을 들려줘야 했지만 이제는 클래스 카드 앱을 통해서 직접 영어 단어를 들을 수 있기 때문에 시각, 청각, 촉각 등 다양한 감각을 활용해서 훨씬 능동적인 학습이 가능합니다. 발음 역시 훨씬 정확하게 들을 수 있습니다.

여기에서 이용할 수 있는 암기 방법은 '암기 학습' '리콜 학습' '스펠 학습'으로 구분되어 있습니다.

① **암기 학습**: 영어 단어를 보고 뜻을 말해야 합니다. 단어의 의미

를 바로 이해했다면 하단의 '이제 알아요'를 클릭, 모르면 '나중에 한 번 더'를 클릭합니다. 구간의 카드를 풀이하면 아는 카드의 수와 모르는 카드의 수가 기록됩니다. 여기서 모르는 카드는 다시 반복 학습할 수 있습니다.

② **리콜 학습**: 객관식 4지 선다형으로 단어의 의미를 클릭하면 됩니다. 여기서 모르는 카드와 아는 카드가 구분되어 오답 관리가 용이합니다.

③ **스펠 학습**: 단어의 의미를 보고서 영어 스펠링을 입력해야 합니다. 뜻과 스펠링 모두 완벽하게 이해했는지 점검할 수 있습니다.

만약 종이 형태의 학습지를 원한다면, 객관식 혹은 주관식 유형을 선택하여 생성한 후 집 공부 시험지를 출력할 수 있습니다. 시험지, 암기(단어) 리스트, 워크시트, 암기 카드 등 다양한 형태의 출력물을 얻을 수 있습니다. 부모의 고생스러운 손길이나 부지런한 노력 없이도 완벽한 출력물을 편리하게 얻을 수 있는 거죠. 시험지 출력물을 통해 아이의 아웃풋을 확인하고 점검하는 과정을 쉽게 진행할 수 있습니다.

영어뿐만 아니라 수학, 사회, 과학 등 다양한 교과목을 편집해서 문제를 만들 수 있습니다. 수학의 개념 카드를 만들어 영어 단어 암기와 같은 방식으로 이끌어주는 것도 좋습니다.

네이버 사전

【 앱 】 apps.apple.com/kr/app/id673085116

https://play.google.com/store/apps/details?id=com.nhn.android.naverdic

네이버 사전 앱을 이용해서 영어 단어를 암기하는 방법입니다. 아주 간편하고 간단한 방법이죠. 모르는 단어가 있으면 단어장에 추가한 다음 그 단어들을 집중적으로 암기합니다. 심심할 때 한 번씩 풀어보면 부담 없이 즐기듯 이용할 수 있습니다. 암기된 단어와 미암기된 단어가 구분되어, 아는 것과 모르는 것을 구분하여 관리할 수 있습니다. 인풋에 대한 아웃풋을 점검하고 관리할 수 있는 거죠.

수준별·분야별로 다양하게 선택하여 풀이할 수 있어서 흥미를 일으킬 수 있습니다. 스마트폰이 있다면 알림 설정을 해두고 규칙적으로 단어를 암기하도록 하는 것도 방법입니다.

저는 주말이면 평일에 암기한 영어 단어를 재점검하기 위해서 단어 시험을 치르기도 합니다. 아이들은 머릿속에 쌓아온input 단어에 대한 점검output을 통해서 자신이 아는 것과 모르는 것을 구분할 수 있습니다.

1년 동안 매일 영어 단어를 5개씩 암기하면 얼마나 될까요? 1년을 52주로 환산해서 평일에 영어 단어 5개를 암기하면 1년간 영어 단어 1,300개를 암기하는 것입니다. 하루 다섯 단어라는 티끌을 쌓아 태산을 이루어보세요.

주위 엄마들의 추천이나 인터넷 검색 등을 통해서 아이의 영어책을 구입하는 경우가 많습니다. 수학 문제집은 아이의 수준에 비해서 난도가 낮으면 배울 부분이 부족하고, 반대로 난도가 높으면 이해하기 힘들어 아이의 사기를 저하시킬 수 있으므로 수준에 맞는 것으로 선택해야 합니다.

영어책 역시 마찬가지입니다. 그러나 아이 수준에 맞는 영어책을 구입하기가 쉽지 않습니다. 수학 문제집은 학년별로 정확히 명시되어 있지만 영어책은 그런 구분이 쉽지 않으니까요.

따라서 이런 엄마들에게 도움이 되고자 영어 읽기 능력을 통해서 단계에 맞는 영어 원서를 구입하는 방법을 공유하고자 합니다.

읽기 능력을 가늠하는 다양한 지수

읽기 능력을 가늠할 때 널리 이용되는 레벨 지수에는 AR 지수와 렉사일 지수가 있습니다. 사교육 현장에서 읽기 수준을 측정할 때 이용하는 프로그램입니다. 보통 이 능력을 통해서 레벨을 구분하기도 합니다. 아이의 영어 읽기 능력을 판가름해볼 수 있는 척도인 셈이죠.

AR 지수

AR Accelerated Reader은 미국 학생들의 읽기 실력을 학년별로 분류해놓은 르네상스러닝사의 독서 퀴즈 및 독서 학습 관리 프로그램입니다. 19만 6,000권 이상의 방대한 독서 퀴즈를 제공하여 영어를 모국어로 하는 아이들과 전 세계 영어 학습자들이 자신이 읽은 영어책에 대한 이해를 점검하도록 돕습니다. 미국 학교 전체의 절반 이상인 6만 개 초, 중, 고등학교에서 사용되는 독서 관리 프로그램이기도 합니다. 특히 학생의 수준과 도서의 수준을 표준화하여 매칭시킬 수 있도록 도서의 난이도를 미국 학령 기준으로 표기해 직관적으로 파악할 수 있도록 도와줍니다.

AR 지수는 책에 포함된 어휘 수, 단어의 난이도, 문장 길이 등을 수치화한 레벨 기준입니다. 학년에 맞는 책을 추천하기 위해 만들어놓은 기준이라고 할 수 있습니다. 만약 1점대라면 미국 공립학교 학생을 기준으로 1학년에 읽을 만한 책들이 있으면 그 책을 읽을 수 있는 영어 수준을 갖추고 있다는 뜻입니다. 5.5점대면 미국 5학년 5개월의 학생이 무리 없이 읽을 수 있는 수준 혹은 미국 초등학교 5학년 다섯 번째 달에 적합한 도서라는 의미입니다. 2점대면 미국 공립학교 2학년 학생, 3점대면 3학년 학생 수준이겠죠.

K레벨부터 13레벨까지 있으며 K레벨은 유아Kindergarten가 읽기 적합한 수준이며 1레벨부터 13레벨까지는 학년과 비례합니다. 읽은 내용에 대한 일종의 평가 시험이 AR 퀴즈입니다.

영어책의 AR 지수 검색은 https://www.arbookfind.com/에서 할 수 있습니다. 수만 권의 도서에 대한 레벨 표기를 무료로 확인해볼 수 있습니다. 또한 AR에서 방대한 양의 독해 퀴즈를 구축하고 있으니 참고해보세요. 이용 방법은 다음과 같습니다.

① 학생, 학부모, 교사, 사서 중 선택하고 들어갑니다.
② 책 제목을 입력하고 검색합니다.

혹은 앱을 이용해도 됩니다. 구글 플레이스토어에서 AR 지수라고 검색하면 AR BOOK FINDER라는 앱이 뜹니다. (링크: https://play.google.com/store/apps/details?id=net.appzzang.book_finder)
책 제목으로는 물론 ISBN이나 바코드 스캔으로도 확인이 가능합니다. 책 제목으로 검색할 때는 유사 도서까지 검색되나 ISBN으로 검색할 때는 해당 책에 대한 정확한 정보를 얻을 수 있어서 편리합니다. 검색 결과 화면에서 책을 클릭하면 상세 화면으로 들어갈 수 있습니다.

렉사일 지수

렉사일Lexile 지수는 1984년 미국에서 창립한 교육평가 연구기관 메타매트릭스사의 공동 창업자 맬버트 스미스 박사와 잭스 스테너 박사, 메타매트릭스 연구진, 듀크대학교·노스캐롤라이나대학교·시카고대학교 교직원의 공동 연구 성과물입니다. 과학적인 독서 평가 프로그램으로, 읽기 능력과 책의 난이도 등을 평가합니다. 20여 년간 4만 4,000권의 난이도를 연구하고, 이를 토대로 책의 등급을 구분했습니다. 0~2000 사이의 숫자로 책의 난이도가 표기되며, 다양한 기관에서 두루 활용하고 있습니다.

미국의 50개 주에서 350만 명 이상의 학생들이 렉사일 측정을 받고 있으며, 신뢰도가 가장 높은 지수라고 할 수 있습니다.

이 지수는 빈출 어휘와 문장 길이 등을 기준으로 삼아 레벨을 구분한 것으로 아이의 영어 독서 능력과 영어 도서의 난이도를 통일된 척도를 이용해 제시해줍니다. 먼저 자신의 렉사일 독서 지수를 확인한 뒤 ±50~100 범위 안에서 도서나 읽기 자료를 선택해서 읽으면 됩니다. 만약 렉사일 지수가 350L일 경우, 렉사일 지수 250~

400L 범위의 영어책을 읽으면 효과적입니다.

렉사일 지수를 개발한 맬버트 스미스 박사는 "영어 독서 능력 향상에 가장 효과적인 책은 전체 내용 중 이해되는 분량이 75% 안팎 수준의 책이다."라고 조언합니다. 즉 책에 대한 이해도가 75%보다 낮으면 학습자가 어려워하고, 반대로 75% 이상이면 너무 쉬워서 흥미를 잃게 된다는 것이죠. 렉사일 지수에서 75%는 책을 읽는 데 가장 적절한 수준이라고 볼 수 있다고 합니다.

AR 지수와 렉사일 지수의 관계

르네상스러닝사에서는 메타매트릭스와 공식 파트너십을 체결해 렉사일 지수를 병행 지원하고 있습니다. 다음 쪽의 표는 두 지수를 단계별로 매칭 비교한 도표입니다.

웬디북 사이트(https://www.wendybook.com/)를 참고하면 AR 지수는 각 도서에 사용된 문장의 길이 및 어휘의 개수, 난이도를 종합하여 부여한 수치이고, 렉사일 지수는 문장에서 사용된 어휘의 난이도와 문장의 길이를 기반으로 하는 정량적 분석법을 따른다는 것을 알 수 있습니다. 지문이 길고 단어가 어려우면 렉사일 지수가 높아집니다. 따라서 렉사일 지수가 낮으면 읽기 쉬운 책이라고 할 수 있습니다. 이를 AR 지수와 비교하면 다음과 같습니다.

AR vs 렉사일 단계별 매칭 비교

렉사일	AR	렉사일	AR	렉사일	AR	렉사일	AR
25	1.1	350	2.0	675	3.9	1000	7.4
50	1.1	375	2.1	700	4.1	1025	7.8
75	1.2	400	2.2	725	4.3	1050	8.2
100	1.2	425	2.3	750	4.5	1075	8.6
125	1.3	450	2.5	775	4.7	1100	9.0
150	1.3	475	2.6	800	5.0	1125	9.5
175	1.4	500	2.7	825	5.2	1150	10.0
200	1.5	525	2.9	850	5.5	1175	10.5
225	1.6	550	3.0	875	5.8	1200	11.0
250	1.6	575	3.2	900	6.0	1225	11.6
275	1.7	600	3.3	925	6.4	1250	12.2
300	1.8	625	3.5	950	637	1275	12.8
325	1.9	650	3.7	975	7.0	1300	13.5

출처: https://www.bcsd.com

　　아이의 영어 읽기 수준을 확인한 뒤 그 수준에 맞는 책을 골라 읽으면 됩니다. 아이가 읽는 영어책 수준을 확인하면서 우리 아이의 읽기 능력을 점검하거나 단계 높은 책을 접하게 하고 싶다면 위의 표를 활용해보면 좋을 것 같습니다.

영어 원서의 읽기 순서와 단계

그림책Picture Book

- 권장 나이: 3~10세
- 그림 위주로 이야기가 전개되는 어린이 동화책입니다.
- 유아기 아이를 대상으로 펴낸 책이지만 초보 입문용이라기보다는 내용이나 글 분량 면에서 초등 고학년 아이들까지 읽을 만한 수준 있는 책도 많습니다.
- 다양한 수상작이 많고, 문학적인 수준 역시 뛰어납니다. 리더스북보다 대체로 어휘나 문장 수준이 높습니다. 그림으로 어휘의 유추 능력을 길러낼 수 있고, 상상력과 창의력을 키우기에도 좋습니다. 그러나 리더스북보다 책값이 비싸고, 글밥이 적어서 가성비 측면에서는 아깝다는 생각이 들 수 있습니다. 그렇다고 그림책을 건너뛰고 리더스북 단계로 넘어가면 아이가 영어책 읽기에 흥미를 잃을 수 있습니다.

추천 도서

· 칼데콧 수상작
· 에릭 칼 시리즈
· 노부영 시리즈

- 권장 나이: 5~13세
- 파닉스를 떼고 스스로 책 읽기를 시작하려는 아이들에게 추천할 만한 읽기 연습용 책입니다.
- 챕터북으로 넘어가기 전에 읽으면 좋습니다.
- 읽기 연습을 목적으로 만들어진 책으로, 문장 구성이 반복되고 배경에 그림이 충분히 있어 내용 유추가 가능하기에 글을 배우는 아이들에게 유용합니다.
- 연령별 및 학년별로 읽기 단계가 구분되어 있어 수준별로 선택하기가 편리합니다. 읽기를 조금 더 쉽게 도와주나 단순한 내용이 반복되는 문장이 많아 지루하고 어휘가 제한적이라 재미가 없다는 단점이 있습니다.

추천 도서

· 노부영 JFR
· 런 투 리드(Learn to Read)
· 옥스퍼드 리딩 트리(Oxford Reading Tree, ORT)
· 어스본 퍼스트 리딩(Usborne First Reading)
· 네이트 더 그레이트(Nate the Great)
· 아이 캔 리드(I CAN READ)
· 스콜라스틱 헬로 리더(Scholastic Hello Reader)

챕터북Chapter Book

- 권장 나이: 7~15세
- 한글책으로 본다면 저학년 문고판, 장편소설로 가기 위한 중간 단계의 책이라고 할 수 있습니다.
- 그림책과 리더스북처럼 쉬운 책을 읽다가 두꺼운 소설책으로 넘어가기 위한 징검다리 역할 단계의 책입니다.
- 챕터별로 나뉘어 소설책보다 글자가 크고 쉬운 단어로 구성되어 있습니다. 책 분량이 얇고 그림책처럼 중간에 삽화가 있어 아이들이 쉽게 볼 수 있습니다. 모험, 미스터리, 판타지 등 다양한 장르의 시리즈로 구성되어 있어 아이들의 흥미를 끌기에도 좋습니다.

추천 도서

· 매직 트리 하우스(Magic Tree House)
· 잭 파일(The Zack Files)
· 플라이 가이(Fly Guy)

소설책Novel

- 권장 나이: 10세 이상부터 성인까지
- 그림책이나 챕터북에 비해 글밥이 많고 두꺼운 편입니다. 언어

가 완성된 상태에서 즐길 수 있습니다.

추천 도서

· 해리 포터 시리즈(Harry Potter)
· 샬롯의 거미줄(Charlotte's Web)
· 구덩이(Holes)

영어 원서 구입처

웬디북

[사이트] https://www.wendybook.com

어린이 그림책에 주어지는 칼데콧 수상작이나 미국에서 아동문학에 수여하는 뉴베리 수상작 등 다양한 수상작을 종류별로 확인할 수 있습니다. 렉사일 지수와 AR 지수 단계에 맞게 도서를 분류하여 판매하고 있습니다. 그뿐만 아니라 연령 및 분야, 소재 및 판형, 시리즈, 작가별 등 상세한 필터 검색으로 원하는 영어 도서를 구입할 수 있습니다.

인터파크

[사이트] http://book.interpark.com

미국 초등학교 추천 도서 목록 중 인기 도서만 선별하여 추천하고 있습니다. 미국 초등학교 기준으로 단계별 영어 원서 읽기 가이드를 제공하고 있어 구입하기에 편리합니다. 예를 들어 한국 초등학교 4학년 실력이라면 미국 2학년 리딩 실력과 유사하다고 생각하면 됩니다.

동방북스

[사이트] http://www.tongbangbooks.com

픽처북 AR 레벨, 리더스북 AR 레벨, 챕터/틴 AR 레벨, 일반 AR 레벨, 칼데콧 수상작, 뉴베리 수상작 등이 필터 기준으로 분류되어 있어서 영어 원서를 구입하기에 편리합니다. 또한 브랜드별, 종류별로 다양한 검색 필터 기준이 있어 영어 원서를 구입하기에 좋습니다. 1년에 두 번 창고 개방 세일을 합니다.

에버북스

[사이트] http://www.everbooks.co.kr

사이트 화면 왼쪽을 보면 유아, 어린이, 시리즈, 캐릭터, 챕터 수준별, 리더스북 등 종류별로 분류되어 있고, 조금만 더 내려보면 다양한 수상작 도서별, 종류별로 구분하여 정리되어 있습니다.

하프프라이스북

【 사이트 】 http://www.halfpricebook.co.kr

정가의 50% 정도에 책을 구매할 수 있으나 저렴한 만큼 책의 종류가 많지는 않습니다. 그러나 매일 '새로 들어온 도서'와 'Super Buy' 목록이 업데이트되어 원하는 책을 저렴한 가격에 구입할 수 있습니다. 영어 원서를 종류별, 연령별로 구분하고 있어 책을 찾기가 쉽습니다.

북메카

【 사이트 】 https://cafe.naver.com/oneday15english

영어 원서를 판매하는 북메카에서 운영하는 네이버 카페 '북메카 북클럽'은 엄마표 영어를 하는 사람들에게 유명합니다. 보드북, 픽처북, 팝업북 등 다양한 책을 구매할 수 있습니다. 특히 좋은 책을 비교적 저렴한 가격에 살 수 있는 비밀공구가 매력적입니다.

| 수학 |
초등 저학년,
수학에 집중해야 하는 이유

초등학교 1학년 때부터 중요하게 생각해야 하는 과목이 있다면 단연코 수학이라고 말합니다. 큰 아이가 다니는 초등학교는 혁신학교여서 다른 과목은 큰 시험을 치르지 않았지만 수학만큼은 달랐습니다. 크고 작은 시험부터 단원 평가까지 자주 시험을 치렀습니다. 그래서 초등학교 때 가장 많이 시험을 보는 과목이 수학이었습니다. 그리고 성적은 친구들끼리는 물론, 아이들의 입을 통해서 학교 엄마들에게까지 공유되었습니다. 이번에는 누구 아이가 백 점을 받았더라고 말이죠.

《초등 1학년, 수학과 친해지면 모든 공부가 쉬워진다》에서는, 수학이라는 과목은 아이의 자기 정체감뿐만 아니라 다른 과목에 대한 자신감에까지 영향을 미친다고 말합니다.

수학 단원 평가가 반복될수록 아이도 어렴풋하게나마 수학 시험의 중요성을 깨닫기 시작합니다. 그러면서 결과에 집착하는 모습이 나타납니다. 1학년 2학기가 되면 수학 시험을 대하는 아이들의 태도가 확연히 달라집니다. 좋은 점수를 받기 위해서 커닝을 하는 아이도 생겨납니다. 좋은 점수를 받지 못한 아이는 울음을 터뜨리기도 합니다. 아이들은 이 과정을 반복하면서 자신이 공부를 잘하는 아이인지 못하는 아이인지 서서히 인지합니다. 이렇게 생긴 자신에 대한 인식은 좀처럼 무너뜨리기 힘든 견고한 성처럼 아이의 내면에 자리하게 됩니다.

크고 작은 수학 시험을 치르면서 공부에 대한 자기 인식이 깊어집니다. 저 역시 초등학교 시절 수학 기초가 부족해서 중학교 때 애를 먹었던 기억이 있습니다. 수학을 못하니까 다른 과목에 대한 자신감도 떨어지고 수학이란 과목은 '넘사벽' 존재처럼 여겨졌습니다. 특히 수학 시간만 되면 선생님이 칠판으로 나와서 문제를 풀어보라고 할까 봐 가슴 졸였던 기억이 많습니다. 수학 선생님은 "오늘이 며칠이지?"라고 운을 뗀 후 그날 날짜에 해당하는 번호를 불러서 문제를 풀게 했습니다. 저는 그나마 31보다 큰 숫자여서 잘 비껴가곤 했습니다. 이렇듯 수학은 제게 부담 자체였습니다. 수학 문제만 보면 겁을 먹고 불안감을 호소하는 '수학 울렁증'이 있었으니까요. 수학을 좋아하거나 잘하는 친구를 보면 부러웠습니다.

군이 저의 경험을 빌려오지 않더라도, 수학이 얼마나 중요하고 또 어려운지는 다들 잘 압니다. 간혹 수학을 좋아하는 사람들도 있겠지만 대부분 학창 시절 가장 어렵고 싫어했던 과목으로 꼽습니다. 이런 현상을 빗대어 '수포자'라는 신조어가 생길 정도니까요.

교육부는 2019년 11월 전국 중학교 3학년, 고등학교 2학년 학생 2만 4,936명을 대상으로 성취도 평가를 시행한 결과를 발표했습니다. 6월에 치러진 국가수준 학업성취도 평가에서 우리나라 중·고등학생 10명 중 1명이 수학 과목 기초 학력에 미달한 것으로 나타났다고 합니다. 여기서 '기초 학력 미달'은 해당 학년 과목의 교육 내용을 전혀 이해하지 못한다는 뜻입니다. 특히 중학생은 수학 기초 학력 미달 비율이 12%나 된다고 합니다.

또한 한국교육과정평가원이 발표한 '초·중학교 학습 부진 학생의 성장 과정에 대한 연구'에 따르면, 학습 부진에 빠진 학생 50명을 2017년부터 2년간 추적 조사한 결과 대부분 '수학'에서 어려움을 경험했다고 합니다. 특히 수학을 배우는 데 어려움을 경험한 최초의 시점은 초등 3학년 분수 단원으로 나타났어요. '수포자'의 분기점은 초등학교 3학년 2학기 분수 단원에서 시작되는 것이죠.

이에 맞춰 서울시 교육청은 초등학교 3학년이 학습 부진이 본격적으로 심화되는 시기라는 점을 감안해 초등학교 2학년의 기초 학력을 집중적으로 지원해 수포자가 늘어나는 것을 조기 예방하기로 했습니다. 초등 3학년 시기에 학업 난도가 급격히 높아지면서 학습 부진이 누적되는 경우가 많으므로 이를 예방하기 위해 초등 2학년을 대상으로 '집중 학년제'도 운영한다고 합니다.

저는 큰아이가 초등 저학년 때는 수학과 독서에 집중했습니다. 아이가 하교 후 피아노 학원을 가기 전까지는 학교 도서관에서 책을 보거나 운동장에서 뛰어놀 수 있게 했습니다. 톱니바퀴처럼 학원 순례를 하기보다는 숨통을 트게 해줬습니다. 대신 수학 문제집만은 끝까지 풀게 했습니다. 선택과 집중을 했던 것이죠.

수학 기초를 튼튼하게 하고 수학에 대한 자신감을 기르려면 초등 저학년 때부터 수학 과목에 집중해야 합니다. 그렇다고 초등 저학년부터 사고력 학원이니 뭐니 하며 사교육을 이용하라는 이야기가 아닙니다. 앞서 말했듯, 수학에 대한 관심과 흥미를 키우기 위해 보고 만지고 느끼는 교구 수학의 중요성을 깨닫고 단원 평가 대비에 대한 관심이 필요하다는 이야기입니다.

초등 1, 2학년에 치르는 정기적인 수학 단원 평가 시험 결과는 아이들에게 공부에 대한 인식으로 자리매김합니다. 아직 성적에 대해 연연해하지 않을 거라는 생각과 달리 친구들의 성적을 궁금해하고 스스로 부족한 성적이라 생각되면 부끄러워하거나 울음을 터뜨리기도 합니다. 초등 저학년에 치르는 단원 평가가 결코 작고 사소하지 않은 이유입니다.

단, 사고력 문제집이나 심화 문제집으로 아이의 사기를 떨어뜨려서는 안 됩니다. 사실 아이 친구들이 선행학습이다 심화학습이다 할 때 우리 아이에게도 그런 욕심나는 순간이 왜 없을까요. 하지만 열심히 풀이한 문제집에 빨간 소나기만 내리면 아이는 공부에 대한 자신감만 떨어질 뿐입니다. 뛰어넘을 수 있다는 생각을 할 수 있어야 도전을 하고 경험을 하죠. 그래서 저는 심화 수준의 문제집보다 기본에 충실한 문제집을 구입합니다. 난도가 낮은 문제집 위주로 선택해서 아이에게 자신감부터 심어줍니다. 현재 교과 단원 수준에 맞는 문제집을 풀게 하면서 수학에 대한 자신감을 심어주세요. 이것이 바탕이 되어 수학이라는 뜀틀을 힘차게 뛰어넘게 해야 합니다. 높은 뜀틀 앞에서 자신감이 없어 그 뜀틀을 향해 달려가지도 못하게 해서는 안 되니까요.

| 수학 |
만지는 수학으로
원리를 깨친다

두 아이와 집 공부를 하면서 중요하게 생각하는 포인트가 있습니다. 첫 번째는 독서, 다음은 수학입니다. 특히 수학은 제가 학창 시절에 어려움을 많이 겪었던 과목으로 기초가 부족해서 수업 진도를 따라가는 데 고생했어요. 수학은 기초가 중요합니다. 더하기를 모르고는 곱셈을 알 수 없고, 뺄셈을 이해하지 못하고는 나눗셈을 알기 힘듭니다. 수학은 선행 학습이 아니라 선수 학습, 즉 새로운 내용을 배우기 전에 아는 내용을 점검하고 보충하는 학습이 절대적으로 중요합니다. 그래야만 수업 진도를 따라갈 수 있습니다.

수학은 개념과 원리가 중요합니다. 그러나 책을 통해서 단편적

111

으로 수학의 개념과 원리를 습득하기엔 어려움이 있습니다. 직접 경험하면서 배워야 하죠. 따라서 초등학생에게는 단면적인 수학 교육보다는 입체적인 수학 교육이 중요합니다. 피아제의 인지 발달 이론에 따르면 초등학생은 구체적인 조작기에 해당하거든요.

피아제의 인지 발달 이론에 따르면 발달 과정은 감각운동기(0~2세), 전조작기(2~7세), 구체적 조작기(7~12세), 형식적 조작기(12세 이후)의 4단계로 나눌 수 있습니다.

초등학교 입학 전후부터 초등학교 5학년까지는 구체적 조작기에 해당합니다. 아직은 자신이 관찰한 실제에만 국한되어 있는 단계이므로 구체적·직접적 경험을 통해서 인지를 획득합니다. 다시 말해 미경험에 대한 예측과 응용이 어려운 단계라고 할 수 있습니다. 구체적 조작기의 아이는 실제 물건을 가지고 체험하면서 수 개념을 익혀야 논리적인 사고가 가능합니다. 즉 직접 체험하지 못한 수업은 이해하기 어려워한다는 거죠. 구체적 조작 경험이 많을수록 추상적인 사고도 잘 할 수 있습니다.

이후 중학교 시기부터를 형식적 조작기라고 하며 이 시기에는 가상의 것에 대한 추상적인 사고가 가능합니다. 그러나 실제로는 많은 중·고등학생들의 사고가 여전히 구체적 조작기에 머물러 있다고 합니다. 구체적 조작기에 충분한 경험을 하지 못했기 때문이죠.

그래서 어릴 때부터 특히 수학에 대한 개념이나 원리를 배울 때 구체적인 경험을 통해서 익히도록 하는 것이 중요합니다. 아이들이 어릴 때부터 가베나 교구 등으로 연산의 증감 현상을 직접 손으로 만지고 느껴보도록 하는 거죠.

뇌과학자들은 측두엽과 두정엽이 발달하는 구체적 조작기에 맞춘 교육이 필요하다고 합니다. 측두엽은 언어 기능과 청각 기능을 담당하므로 외국어 교육은 물론 말하기, 듣기, 읽기, 쓰기 교육이 측두엽 발달에 효과적입니다. 그리고 두정엽은 공간의 입체적인 사고와 수학·물리적 사고를 담당합니다. 퍼즐 게임, 도형 맞추기, 숫자 및 언어 맞추기 등과 같이 입체적이거나 공간적인 사고 발달에 도움이 되는 놀이입니다.

수학 역시 직접 체험을 해보아야 합니다. 예를 들어 직접 손으로 구체물을 만지면서 더하기의 과정을 학습하면 이해력, 기억력, 집중력이 3배 이상 향상된다고 많은 교육 전문가들은 말합니다. 구체물을 가르고 모으는 경험을 통해서 증감 현상을 이해하면 머릿속에 개념이 더 확실히 자리를 잡겠죠.

이런 흐름에 맞게, 2015년 개정 교육 과정에 따라 도입된 수학 교과서의 가장 큰 변화는 '스토리텔링 수학의 등장'입니다. 과거에는 한 가지 개념을 익히는 데 반복 훈련이나 문제 풀이에 의존했다면 이제는 구체물 조작 체험 중심으로 바뀌었습니다. 큰아이가 초등학교 1학년 때 수학 준비물이 바둑알이었습니다. 바둑알로 게임(일명 짤짤이 게임)을 하면서 10의 보수 개념을 구체물로 반복하기도 하고, 더하기와 빼기를 흑과 백으로 구분하여 모으기와 가르기를 체험하기도 했습니다.

교구를 일일이 꺼내 가르치는 일이 번거로운 것은 사실입니다. 가르치는 입장에서는 학습지나 문제집을 이용하는 게 간단하고, 부모 입장에서는 책으로만 가르쳐도 충분하다고 생각할 수 있죠. 하지만 아이들은 아직 어른만큼 추상적인 사고를 하기가 어렵습니다.

《초등 1학년, 수학과 친해지면 모든 공부가 쉬워진다》를 쓴 송재환 교사는 머리로만 하는 수학은 중학교 때 해도 늦지 않다고 합니다. 초등학교 때는 철저하게 머리가 아닌 몸으로 먼저 수학을 해야 한다고 강조합니다. 그래야 개념과 원리를 잘 이해할 수 있고, 무엇보다 수학을 좋아하게 될 수 있다고 말입니다.

제가 추천하고 싶은 '몸으로 배우는' 수학 교재는 다음과 같습니다.

플레이팩토 키즈

더하기와 빼기라는 추상적인 개념을 직접 구체물을 만지고 보면서 익힐 수 있습니다. 다양한 블록을 쌓아서 앞, 뒤, 좌, 우 방향으로 바라보면서 시각에 따라 달리 보인다는 것을 눈으로 체험할 수 있습니다. 하나의 사물을 다각도로 바라보면서 입체적인 사고를 눈으로 확인할 수 있으니 아이에게도 신기한 경험입니다.

특히 연산 영역에 치중하지 않고 공간과 도형, 측정, 규칙, 분류,

문제 해결 능력 등 다양한 수학 역량을 골고루 체험할 수 있는 수학 교재여서 만족스러웠습니다. 큰아이와 작은아이 모두 엄마와 함께 하는 가장 좋아하는 수업 시간이었습니다. 지금은 작은아이와 함께 수업을 진행하고 있는데요. 옆에 와서 먼저 하자고 조를 정도로 좋아합니다.

《창의사고력 수학 킨더팩토》

앞서 말했듯이 새롭게 개정된 초등학교 수학 교과서는 '스토리텔링'이라는 점에서 이전 교과서들과 차별화되었습니다. 각 단원 첫 차시에 이야기를 통해 수학 개념에 접근하는 것입니다. 이는 아이들이 수학에 흥미를 갖게 하기 위한 노력의 하나라고 볼 수 있습니다. 이 교재는 개정 수학 교과서의 내용을 충실히 반영하고 있습니다.

수와 연산, 도형과 퍼즐, 연산, 측정·분류·규칙 영역을 세분화하여 다양한 수학 영역을 골고루 다루고 있습니다. 무엇보다 이 교재에서 가장 좋은 구성은 바로 액티비티 활동입니다. 한 가지의 개념을 배우면 그 원리를 습득하기 위한 반복 학습을 게임으로 구성했습니다. 이 과정을 준비하기 위해 부록으로 구성된 활동지를 자르고, 붙이고, 만드는 체험 활동이 많아 지루할 틈이 없었습니다. 다만, 창의 사고력이라는 이름처럼 사고력을 요하는 문제도 종종 있으니, 진도만 나가기보다 개념과 원리에 충실하게 가르치는 것이 좋습니다. 어른들에게는 쉬워 보이는 기초 과정이지만 아이들에게는 수학의 밑거름을 다지는 시간이니까요.

공자는 들은 것은 잊어버리고, 본 것은 기억하며, 경험한 것은 이해한다고 했습니다. 그러니 아이들에게 수학을 경험하도록 이끌어주세요. 큰아이가 학년이 올라갈수록 저학년 때보다는 구체물 사용 빈도가 줄어들었습니다. 하지만 여전히 구체물 경험은 유용합니다. 예를 들어 아이가 분수의 덧셈을 이해하지 못하면 낱개로 포장된 사탕을 작은 비닐에 분모의 수만큼 넣고 모아보라고 합니다. 엄마의 긴 설명보다는 자신의 직접적인 경험이 수학을 더 빨리 이해하고 더 오래 기억하는 데 도움이 됩니다.

| 수학 |
수학은 암기,
수학사전으로 개념 타파

수학 공부에서 다들 입 모아서 강조하는 것 중 하나가 바로 개념과 원리입니다. 반복 문제 풀이를 통해서 개념과 원리를 암기하고, 암기한 개념의 조합으로 응용을 하고 문제를 풉니다.

수학은 이해하는 과목이 맞습니다. 그러나 이해한 개념을 '암기' 해야만 문제를 풀 수 있습니다. 개념 이해의 과정에만 치중해 개념 암기에 소홀하면 절대 수학을 잘할 수 없습니다. 만약 삼각형에서 주어진 각의 크기와 다른 위치에 있는 각의 크기를 계산해야 한다면 어떻게 해야 할까요? 삼각형 내각의 합은 180도라는 공식을 암기하고 있어야만 계산할 수 있습니다. 그래서 많은 책에서는 수학 역시 반복을 통한 암기라고 설명합니다. 우리가 학교 다닐 때 구구단을 어떻게 외웠는지 떠올려보세요. 수많은 반복을 통한 암기였습니다. 그래서 지금도 잊지 않고 실생활에 쓸 수 있는 것이죠. 수학 문제는 결국 암기한 지식을 바탕으로 풀어야 합니다.

수학 암기를 위한 유용한 도구를 소개합니다. 바로 '수학사전'입니다. 국어에는 국어사전, 영어에는 영어사전이 있듯 수학도 수학사전이 있어 개념이나 공식에 대한 이해도를 높일 수 있습니다.

사각형이라고 해도 다 같은 사각형이 아닙니다. 네 변의 길이가 모두 같으면 마름모, 네 각의 크기가 모두 같으면 직사각형, 네 변의 길이와 네 각의 크기가 모두 같으면 정사각형이라고 하죠.

동네 도서관에서 여러 수학사전을 훑어보고 그중 아이에게 맞는 수학사전을 구입하여 사용하면 좋습니다. 아이가 문제를 풀다가 기억이 나지 않는 공식이나 개념을 되짚어볼 수 있어서 편리합니다.

수학사전은 자기주도적 공부 습관을 기르는 데도 큰 힘이 됩니다. 전위성 저자는 수학 개념 카드를 만들어서 수시로 암기하는 방법을 추천했는데, 부지런하지 못한 저에게는 쉽지 않은 방법이었습니다. 이를 수학사전으로 대체할 수 있습니다.

자기주도 학습 습관을 기르고 싶다면 수학사전을 구비해보세요. 암기가 쉽지 않은 공식이나 수학의 원리나 개념을 조금 더 쉽게 이해할 수 있도록 하는 데 효과적인 학습 도구가 되어줄 것입니다.

|수학|
많이 풀기보다
오답 노트가 중요한 이유

새 학년, 새 학기가 되면 전쟁터에 나서는 비장한 마음으로 새 문제집을 구입합니다. 특히 수학은 연산이며 교과며 사고력이며 다양한 문제집을 사죠. 하지만 시간이 흐르면서 비장한 마음은 자꾸만 약해집니다. 어느덧 학기말이 되어 아직도 다 풀지 못한 문제집이 쌓여 있는 것을 보면 본전 생각이 나기도 합니다.

학기중에 아이가 틀렸던 문제만을 모아 방학 때 다시 풀었던 적이 있습니다. 여전히 틀린 문제는 틀립니다. 분명히 설명해줬는데도 이해하지 못한 것이죠.

수능 시험을 치른 아이들의 후기를 보면 각자 수학을 대하는 태도가 다릅니다. 다양한 유형의 문제를 풀다 보면 어떤 변형된 문제를 만나도 풀 수 있다는 후기를 접한 적이 있습니다. 문제집 다섯 권만 풀어봐도 모든 수학 유형이 총망라되어서 많이 풀다 보면 자연스럽게 이해하게 된다고 말입니다.

반면에 한 권의 문제집을 여러 번 반복해서 풀어서 내 것으로 만드는 방법도 있습니다. 저는 큰아이를 가르치면서 틀렸던 문제를 또다시 틀리는 경우를 많이 접했습니다. 한 권의 문제집에 녹아든 여러 유형의 문제를 모두 자신의 것으로 만드는 것이 기본기를 쌓는 올바른 방법이라고 생각합니다.

이렇게 목적에 맞는 특정 패턴의 연습을 반복할 때 미엘린의 층이 두꺼워집니다. 여기서 미엘린이란 신경 섬유를 감싼 것으로 전선의 피복과 비슷하다고 볼 수 있습니다. 미엘린은 뇌신경의 신경 신호 누수를 방지하고 신호 전달 속도를 높이는 역할을 합니다. 특정한 학습이나 연습을 거듭할수록 해당 신경 섬유의 미엘린은 계속 두꺼워집니다. 뇌에 분포한 신경섬유의 미엘린이 두꺼워지면 신경 전달 속도가 빨라져 지능이 올라가는 효과가 있다고 합니다.

수학은 선행 학습보다 선수 학습이 되어야 합니다. 실력을 탄탄히 쌓고 또 쌓아가야 합니다. 하지만 제대로 익히지 못하고 고학년으로 올라가면 언제 무너질지 모르는 부실 공사와도 같습니다. 그래서 저는 수학 문제집 한 권만이라도 제대로 익히게 하자고 마음먹습니다. 이렇게 하면 교육비가 절약되기도 하죠. 문제집을 많이 사서 자괴감에 빠지는 상황 역시 현저히 줄어들고요. 학년말에 끝까지 푼 문제집을 볼 때면 아이도 저도 성취감이 한껏 높아집니다.

《하루 2장 수학의 힘》의 진미숙 저자는 지금 자리에서 한 걸음 더 나아가는 발전이 있으려면 지금 틀린 문제를 완벽하게 이해하고 나아가야 한다고 말합니다. 시험은 꼭 체크해놓고 고치지 않은 문제에서 출제되기 마련이니까요. 아무리 공부를 해도 성적이 안 나오는 아이는 아는 문제만 계속 풀고 있는 경우이므로 단순 노동만 하고 있는 꼴입니다. 자기가 취약한 부분을 공부하는 것이 아니라 알고 있는 것을 확인하는 공부만 하는 거죠.

수학 문제집 한 권만은 정복한다는 마음으로 주기적으로 틀린 문제만 반복해서 풀어보고 학습량에 대한 부담감은 줄이는 것이 부모도 아이도 부담 없는 학습이 됩니다. 여러 권의 수학 문제집을 구입해봐야 학기말까지도 해결하지 못하는 부담스러운 숙제로 남을 뿐입니다. 그래서 아이도 저도 문제집 한 권만이라도 제대로 풀자라는 마음으로 부담 없는 보폭과 속도로 걸어가는 중입니다. 욕심내지 않고 가늘고 길게 가는 편이 효율적입니다.

| 한자 |
방학 기간 자격시험으로
능력, 자신감 잡으세요

직장맘이라면 늘 고비가 되는 방학. 양가 어른들의 도움을 받을 수 없는 맞벌이 가정이라면 아이의 방학이라는 긴긴 시간을 '버텨낸다'라는 심정으로 보낼 것입니다. 하루 종일 집에 혼자 있을 아이의 점심 걱정은 물론 학습 지도 등 신경 써야 할 게 한둘이 아닙니다. 현실은 가혹해서, 초등 1, 2학년 외에는 돌봄 교실을 이용하기가 쉽지 않습니다. 부족한 손길만큼 아이를 믿고 지켜볼 수밖에 없는 것이죠.

하지만 맞벌이 가정환경이 마냥 부족한 것만은 아닙니다. 부모의 부족한 손길만큼 아이 스스로 해내야 하는 자립의 시간이 될 수 있으니까요. 그뿐인가요. 평일은 비가 오나 눈이 오나 출근하는 엄마 아빠 때문에 늦잠을 자지 않고 학기 때와 똑같은 생활 패턴을 유지할 수 있습니다. 이렇게 규칙적으로 생활하면 개학 때마다 생활 리듬을 회복하려고 노력하지 않아도 되는 것이죠.

방학이 되면 아이는 학교에서 공부하던 시간만큼 혼자 있는 시간이 많아집니다. 이렇게 시간이 남는 아이에게 학습에 대한 동기 부여는 물론, 학습의 동기를 놓지 않도록 하기 위해 방학 프로젝트를 실행합니다.

그중 하나가 한자능력검정시험 응시하기입니다. 시험이라고 해서 합격 여부에만 일희일비하는 것이 아니라, 학습 중간에 점검 차원으로 치르는 과정으로 여기도록 합니다. 합격이라는 목표를 향해 노력하는 과정 또한 소중한 경험이니까요. 또한 어릴 때부터 국가공인자격증 시험을 치르는 경험 역시 스스로에게 밑거름이 됩니다. 시험에 대해 긴장하거나 불안해하는 대신 여유 있는 마음가짐을 지닐 수 있습니다.

우리말의 70% 이상은 한자어로 구성되어 있습니다. 따라서 한자를 많이 알아야 한글 어휘력과 문장 이해력이 높아지고, 국어 성적도 좋아진다고 생각합니다.

〈한자자격증 유무가 중학생의 직업가치 및 학업성취도에 미치는 영향〉이라는 연구에서 중학교 3학년 학생 155명을 대상으로 한국심리검사연구소에서 사용하는 진로 탐색 검사와 3학년 1학기 학업 성취도 성적을 이용하여 한자 자격증 유무가 학생들 간 국어, 영어, 수학, 과학, 역사, 한문 교과의 학업 성취도에 어떤 영향을 미치는가를 살펴보았습니다. 그 결과 국어, 역사, 영어, 과학, 도덕, 한문에서 한자 자격증을 취득한 학생이 한자 자격증을 취득하지 않은 학생에 비해서 뛰어난 성취를 보였다고 합니다.

또 다른 연구에서는 초등학교 때 한자 자격증을 취득한 학생이 그렇지 않은 학생에 비해 독해 부분에서 뛰어난 성취를 보였다고 합니다.

어떻게 생각하면 당연한 결과입니다. 예를 들어 사회 과목의 '다음 보기와 같은 지형은?'이라는 문제에서 '지형'은 한자로 '땅 지地'와 '모양 형形'으로 땅의 모양을 말합니다. '다음 보기와 같은 땅 모양은?'이라는 질문이죠. 그리고 '보기와 같이 중심 주제를 간과한 사람은 누구인가?'라는 질문에서 '간과'라는 어휘는 '볼 간看'과 '지날 과過'가 합쳐진 것으로 '대강 보고 쉽게 지나친 것'이라는 뜻입니다. 한자의 의미를 알고 문제를 푼다면 정답을 맞힐 확률이 훨씬 높아집니다.

큰아이는 다섯 살 무렵 치른 8급 시험을 시작으로 해마다 한자 능력검정시험을 보고 있습니다. 유아기는 글자를 이미지로 인식하는 우뇌 발달 시기인데 상형 문자인 한자 역시 이미지로 인식하여 즐겁게 학습했습니다.

급수가 높아질수록 배워야 할 한자의 수도 많아집니다. 단계별로 추가되는 한자는 20자, 80자, 150자, 200자, 300자입니다. 언뜻 보면 많은 것 같지만 한 학기에 하루 한 자씩만 익히면 방학마다 한자능력검정시험을 치를 수 있습니다. 하루 한 자씩 익힌다고 가정하면 1년에 두 번의 급수 시험을 치를 수 있는 셈이죠. 이렇게 한자 시험에 출제되는 교과서 한자어를 공부함으로써 실제로 국어나 사회, 수학, 과학에서 나오는 어휘에 대한 개념을 익힐 수 있습니다. 준4급에서 치르는 교과서 한자어를 예로 들면 봉건제도, 붕포화, 세도정치 등이겠죠. 한자 시험도 치르고 교과에 나오는 어휘력도 기르는 일석이조의 효과를 누려보세요.

3 장

· 초등 혼자 매일 공부 ·

"

꼼꼼하게 챙기고
활용하세요

엄마의
도구와 디테일

"

• • •

집 공부가 편해지는 도구 활용법 | 집 안 환경도 교육입니다 | 칭찬 스티커로 공부의 즐거움 체험하기 | 포스트잇 플래그 적극 활용하기 | 준비물은 미리미리, 사소한 숙제에도 관심을 가지세요 | 학교 행사는 미리 알수 있습니다 | 휴대폰 알람과 계획표의 도움을 받기 | 정보력이 곧 돈이다! 무료 영어 교육 사이트 모음 | 질투는 엄마표 영어의 힘

집 공부가 편해지는
도구 활용법

어떤 일을 시작할 때 지속 가능한 습관이 되게 하려면 당장에라도 실천할 수 있는 시스템을 갖추어야 합니다. 목표로 하는 일을 실행하기 전에 미리 도구나 장비를 준비하는 것만으로도 상당한 의지력이 필요하기 때문입니다. 이 의지력을 너무 많이 사용하게 되면 정작 이루고자 하는 습관은 작심삼일이 되기 쉽죠. 그래서 편리한 방법으로 당장에라도 실천할 수 있는 자신만의 시스템을 갖추면 실행하기도 전에 의지력을 소모하는 일은 없을 겁니다.

다음은 제가 평소에 쉽고 편리하게 사용하여 아이의 공부를 돕는 저만의 필살기 도구들입니다.

서랍장   지퍼 파일   화이트보드

제본기   CCTV   자석 클립   자석 클립보드

5단 철제 서랍장

한샘이나 이케아에서 판매하는 5단 철제 서랍장을 아이 책상 밑에
둡니다. 각 서랍 문에는 안에 무엇이 들어 있는지를 알 수 있게 견
출지에 이름을 써서 붙여둡니다. 가장 손이 닿기 쉬운 첫 번째 칸
에는 등교 전 매일 풀이하는 연산 학습지를 넣어둡니다. 두 번째에
는 수학 문제집, 세 번째에는 국어·사회·과학 통합 문제집, 네 번째
에는 방과 후 영어 교재, 다섯 번째에는 작은아이 학습 교재를 넣어
둡니다. 각 서랍 칸마다 과목이 정해져 있으니 손쉽게 꺼내서 풀고

다시 넣어두기가 편리합니다. 자기주도 학습 습관을 갖기 위한 환경이 간단하게 만들어진 셈입니다.

손잡이 지퍼 파일

아이들의 학습 체크를 하려고 하면 꼭 필요한 준비물 한두 개가 사라집니다. 채점을 할 때 쓰는 빨간 색연필이 보이지 않고, 어제 확인했던 수학 해설집은 또 어디로 갔는지 보이지 않습니다. 그것들을 찾기 위해 방 안 여기저기를 뒤지기 시작하면 엄마의 채점을 기다리던 아이들도 같이 찾기 시작합니다. 채점을 하기도 전에 이미 지칠 대로 지친 상태가 되죠. 그래서 시작을 간편하게 만드는 저만의 방법을 찾았습니다.

일단 A4 크기의 손잡이 지퍼 파일을 준비합니다. 그 안에 엄마에게 필요한 물건들을 넣어둡니다. 연산 학습지 답안지, 수학 문제집 해설집, 국어·사회·과학 통합 문제집 답안지, 빨간 색연필, 3색 볼펜, 스티커, 포스트잇이 그것입니다. 아이가 풀고 난 문제집을 채점하는 데 필요한 모든 도구가 준비되었으니 이제 채점만 하면 됩니다. 채점을 끝내고 나면 칭찬 스티커를 부여하는 데도 편리합니다. 볼펜과 스티커가 바로 눈앞에 있으니 아이들에게 당근을 쉽게 줄 수 있죠.

사실 매일 채점하기란 쉽지 않습니다. 야근이나 집안 행사로 인해 당일 저녁에 채점을 못 하면 다음 날 출근하기 전 아이들이 잠든 시간에 식탁에 앉아 문제집을 채점합니다. 이때도 A4 손잡이 지퍼 파일만 있으면 됩니다. 아이의 문제집을 채점하고 나면 지퍼 파일에 있는 포스트잇을 꺼내서 아이에게 전달할 사항을 메모하여 문제집 앞에 붙여둡니다.

> 사랑하는 우리 엽!
> 오늘도 꾸준히 공부했네! 기특하네!
> 빨간색 플래그는 풀이 제외
> (주말에 엄마랑 같이 풀어보자)
> 파란색, 노란색 플래그는 풀이해놓기!
> 화이팅!

큰아이는 문제집 앞에 붙어 있는 메모를 보고 엄마의 채점 흔적을 확인합니다.

아이들의 학습 체크를 할 때 지퍼 파일만 있으면 다른 어떤 것도 필요하지 않습니다. 저절로 굴러가는 학습 시스템에 필요한 모든 도구가 지퍼 파일 안에 들어 있으니까요. 도구를 찾는 번거로움만 없어도 집 공부 관리가 한결 빨라지고 편해집니다. 사소하지만 강력한 힘입니다.

화이트보드

저희 집 거실의 한쪽 벽면에는 화이트보드가 달려 있습니다. 거실 정면에 걸어놓아서 집에 들어서면 한눈에 보입니다. 이 보드에 매일 아침 영어로 날짜를 쓰고, 아이가 집에 와서 할 일이나 메시지 등을 적어놓습니다. 사랑한다는 말을 써놓기도 하고, 자기계발에 좋은 명언을 적어두기도 합니다.

보드는 다양하게 쓰이지만, 특히 아이의 공부를 봐줄 때 아주 유용합니다. 아이가 수학 문제집을 풀다가 모르는 문제를 접하면 일단 설명을 해주고 나서 보드에 문제 풀이 과정을 써보라고 합니다. 아이가 설명을 매끄럽게 해서 맞는 답이 나오면 이해를 했다는 뜻이고, 그렇지 못하면 이해를 하지 못했다는 뜻이겠죠. 만약 아이가 문제를 맞게 풀었다면 이번에는 숫자를 바꿔서 응용 문제를 내봅니다. 또는 아이가 보드에 직접 문제를 풀어보기도 합니다. 이렇듯 보드는 자유롭게 활용할 수 있는 유용한 도구입니다.

오피스 제본기

처음에는 학교에서 나눠주는 각종 프린트물을 정리하려고 구입했습니다. 학교에서 수업을 위해 선생님이 아이들에게 나눠주는 자료가 워낙 많죠. 한글·영어·한문 관련 프린트물과 수학 문제들 그리고 시험지까지. 이런 프린트물을 어떻게 해야 정리도 잘하고 아이들이 사용하기에도 편리할까요? 클리어 파일에 보관하면 다시 꺼내서 쓰기 불편하고, 그렇다고 회사에서 사용하는 PP 파일에 정리하면 위로 넘기는 방식이라 아이들 입장에서 불편하죠. 여러 모로 고민하다가 떠올린 게, 회사에서 사용하는 오피스 제본기입니다. 이걸 이용해 낱장 프린트물들을 모아 제본하면 아이들에게 익숙한 문제집 형태가 됩니다. 프린트물 정리도 보관도, 아이가 다시 보고 쓰기에도 아주 편리합니다.

아이가 어려워하는 부분을 모아 심화 학습을 시키는 데도 오피스 제본기를 활용할 수 있습니다. 예를 들어 수학에서 '분수'를 특히 어려워하면, 아이가 푼 문제집들 중에서 분수 단원만 잘라서 모아 새로운 '심화 문제집'을 만드는 거죠.

또한 요새는 높은 질의 학습 자료를 무료로 제공하는 사이트들이 많습니다. 이 자료들을 뽑아서 정리하여 하나의 책으로 만들어 아이에게 주세요. 훌륭한 엄마표 DIY 학습지 한 권 뚝딱 완성! 다음은 각종 학습 자료들을 무료로 다운받을 수 있는 사이트들입니다.

동아출판

[사이트] http://www.bookdonga.com

동아출판 공식 사이트입니다. 초등 탭에서 '학습자료'를 누르면 학년, 학기, 과목, 유형을 선택할 수 있는 창으로 이동합니다. 원하는 학년과 학기와 과목을 선택한 후 원하는 자료 유형을 클릭하면 되는데, 이중 '평가자료'를 클릭하면 각종 문제지가 뜹니다. 회원가입이 필요 없고 문제와 정답을 바로 다운받을 수 있습니다.

일일수학

【 사이트 】 https://11math.com

교과서 진도에 맞춘 초등 전 학년 연산 문제지를 무료로 제공하는 사이트입니다. 바로 다운받아 프린트하여 아이에게 풀게 할 수 있습니다. 처음 한 단원을 선택해 들어가면 문제지가 한 장밖에 없는데, 당황하지 말고 사이트 오른쪽의 '다른 문제지' 버튼을 클릭하면 계속 다른 문제지가 나옵니다. '출력하기' 버튼을 눌러 바로 출력 가능하고요, 이것들을 모아 오피스 제본기로 제본해 아이에게 주세요. 답안은 출력해도 좋고, PC나 모바일에서도 바로 확인할 수 있습니다.

FREE Printable Worksheets

【 사이트 】 https://www.worksheetfun.com

연산 문제지를 무료로 제공하는 해외 사이트입니다. 미취학부터 초등까지를 포함하며, 수학 문제를 영어로 풀기에 영어와 수학 두 마리 토끼를 잡을 수 있습니다. 흑백이긴 하지만 그림으로 재미나

게 문제를 구현하여 아이들이 직관적으로 수학을 이해하는 데도 도움이 됩니다.

펀맘

【 사이트 】 https://funmom.tistory.com

'엄마와 아이의 재미있는 놀이공간'을 모토로 내세운 사이트입니다. 색칠공부, 미로찾기, 한글공부, 수학공부, 영어공부, 그림찾기 등의 학습지와 엄마표 양식까지 아기자기하고 컬러풀한 도안들로 가득합니다. 특히 추천하고 싶은 것은 색칠공부 도안으로 동물, 사물, 직업 등 그림들이 주제별로 분류되어 있어 편리합니다.

QuiverVision

【 사이트 】 https://quivervision.com

색칠공부와 증강현실을 동시에 체험하게 하는 사이트입니다. 사이트 상단 오른쪽의 바를 누르면 'Coloring Packs' 메뉴가 뜨는데, 클릭하면 색칠공부 도안을 다운받을 수 있는 페이지로 이동합니다. 그중 'FREE' 딱지가 붙은 것들이 무료이니 다운로드하여 인쇄하면 됩니다. 아이에게 적당한 수준의 그림들을 모아 오피스 제본기로 제본해 색칠공부 교재를 만들어주세요. 스마트폰에 Quiver 앱을 설치한 후, 앱에서 제공하는 카메라 기능으로 아이들이 색칠한 그림을 비추면서 AR 증강현실 체험이 가능합니다.

홈 CCTV

큰아이가 초등학교 3학년이 되니 방학이 고비였습니다. 돌봄 교실을 이용할 수 없게 되어 혼자 집에 있어야 했으니까요. 회사에서 일하면서 아이가 집에 잘 있는지 걱정이 되었습니다.

요즘은 와이파이만 있으면 홈 CCTV로 집 안을 실시간으로 확인할 수 있습니다. 가정용 와이파이 CCTV는 양방향 오디오 전달도 가능하고 남편 스마트폰에도 등록할 수 있어 부부끼리도 공유됩니다. 아이에게 휴대전화가 없는 가정에서는 집 안 화면을 보며 양방향으로 소통할 수 있어 유용합니다. 처음 기계 구입비(약 5만 원 미만 가격대)만 부담하면 되고, 별도의 월정액이 부과되지 않는 가성비가 뛰어난 제품입니다.

태풍 솔릭 때문에 학교가 휴교했을 때의 일입니다. 홈 CCTV로 보니 비바람이 불어대는 캄캄한 낮에 큰아이가 거실 책상에 앉아 숙제를 하고 있더군요. 저는 주방에 불을 켜놓으라고 메시지를 보냈습니다. 그러자 아이는 주방에 불을 켰고, 집 안이 환해졌습니다. 홈 CCTV 덕분에 아이가 밥은 챙겨 먹었는지, 무얼 하고 있는지 걱정되는 마음을 한시름 덜게 되었습니다. 어쩔 수 없이 아이를 두고 외출해야 할 때, 특히 맞벌이를 하는 부모에게 홈 CCTV는 든든한 도우미 역할을 할 거예요.

자석 클립

포털 사이트에서 '자석 클립'으로 검색하면 메모지 집게와 유사한 제품이 보입니다. 이 제품은 집안 곳곳에서 유용하게 활용할 수 있습니다.

거실에 있는 화이트보드에는 아이들 칭찬 스티커를 자석 클립으로 붙여둡니다. 주방 냉장고 앞면에는 학교에서 온 각종 공문들을 붙여둡니다. 주요 일정이나 행사를 잊지 않기 위해서 냉장고 문을 열 때마다 수시로 확인하는 장치인 셈이죠.

현관문 안쪽에는 자기계발이나 공부에 자극이 될 만한 인생 명언을 출력해서 주기적으로 바꿔서 붙여둡니다. A4 용지에 명언을 큼직하게 출력해서 잘 보이게 합니다. 부부는 출근하면서, 아이들은 등교하면서 동기 부여가 되는 명언을 읽으면서 하루를 시작할 수 있습니다.

자석 클립보드

큰아이는 매일 영어 단어 5개를 암기하고 학습 계획표에 성과를 기록하는 습관을 기르려고 노력하고 있습니다. 그래서 책가방에 그날 암기해야 할 영어 단어 리스트가 적힌 종이와 주간 학습 계획표를 넣고 다닙니다. 처음에는 책상 서랍에 두고 다녔는데 그러면 수시로 체크할 수가 없더라고요. 이후로는 아침 등교 전에 암기해야 할 영어 단어 리스트와 주간 학습 계획표를 A4 자석 클립보드에 끼워넣고 다닙니다. 이렇게 하면 언제든 때맞춰 일일 학습 계획을 기록할 수 있습니다.

A4 크기라 가지고 다니기에도 적당하고, 자석이 있어 집에서는 냉장고 문 등에 붙여두고 엄마와 아이 둘 다 확인할 수 있어 편리합니다. 영어 단어 리스트와 주간 학습 계획표 외에도 아이가 챙겨야 할 것들을 여기에 끼워두면 좋습니다. 받아쓰기 시험이나 쪽지시험용 자료, 매주 아이가 배울 교과목 체크에도 편리합니다. 학교에 제출해야 할 공문도 끼워두면 분실 위험도 줄어듭니다. 주위 엄마들에게 추천해주었더니 아주 유용하다며 하나둘 구입하더라고요.

집 안 환경도
교육입니다

저는 스물넷에 결혼해서 시댁의 방 한 칸에서 신혼살림을 시작했습니다. 남들에겐 당연한 둘만의 신혼살림을 꿈조차 꿀 수 없었죠. 모든 것이 그대로인 시댁에서 낯선 이방인은 저 하나뿐이었습니다. 어제와 다름없던 그들의 생활 공간에 저 혼자 오늘 새로 들여놓은 새 가구 같은 느낌이랄까요?

주방 하나에 살림하는 여자는 둘이어서 며느리인 저는 집안 살림에 주도권이 없었습니다. 냉장고도 어머니의 냉장고였고, 거실에 걸린 사진도 둘만의 사진보다 시댁의 역사가 고스란히 보이는 사진들이 주를 이뤘습니다. 누군가는 결혼했다면 당연히 얻게 될 신혼 공간이 저에게는 간절한 소망이 되었습니다.

그러다 남편 직장이 도시 외곽으로 이전하게 되면서 결혼한 지 1년 만에 직장 근처로 분가를 하게 되었습니다. 그 후 3개월이 지날 무렵 큰아이가 태어났습니다.

둘만의 달콤한 모던하고 심플한 신혼집을 꿈꿨지만, 아이가 태어난 이래로는 집안 환경도 교육이라는 신념 아래 포기하지 않고 유지하는 몇 가지 원칙이 있습니다.

손길 닿는 곳 어디든 책을 둔다

가족 구성원의 삶을 그대로 보여주는 공간이라면 단연 거실이 아닐까 합니다. 현관부터 거실까지 이어지는 집 내부를 보면 가족 구성원들의 삶의 궤적을 고스란히 느낄 수 있습니다.

아이를 낳고 엄마가 되면서 독서의 바다에 풍덩 빠지길 바라는 마음으로 아이의 손길이 닿는 곳이면 어디든 책을 두었습니다. 지금은 큰아이가 어릴 때 구입했던 전집은 많이 버렸지만, 여전히 거실 복도며 안방이며 아이 방이며 집 안 곳곳에 책이 있습니다. 화장실에 갈 때도 거실 복도 책장에 있는 책을 빼내서 들고 갑니다. 어느 공간에 있어도 늘 책과 함께 할 수 있는 것이죠.

거실에 책상을 둔다

시간이 흐르면서 가구 배치를 새롭게 하고 오래된 가구는 버리기 마련입니다. 그런데 단 하나 예외가 있다면, 거실에 놓인 책상입니다. 큰아이가 아장아장 걷기 시작한 순간부터 저희 집 거실에는 책상이 있었습니다. 친정 동생네에서 얻어온 좌식 책상인데 아기 의자를 구입해 세트로 구성하여 큰아이의 첫 책상으로 삼았습니다. 유치원에 다닐 무렵에는 '유치원 책상'이라고 불리는 다빈치 책상이 그 자리를 차지했습니다. 지금은 두 아이가 서로 마주보고 앉을 수 있는 책상으로 바꿨습니다.

이렇게 거실 한쪽에 책상을 놓아 아이들이 언제든 앉아서 공부를 하거나 그림을 그리거나 블록 장난감을 갖고 놀 수 있게 했습니다. 큰아이는 이 책상에서 등교 전 연산 학습지를 풀고, 하교 후에는 학교 숙제나 집 숙제를 합니다. 때로는 3시간이 넘도록 종이 접기를 하거나 큐브 맞추기를 합니다.

가장 잘 보이는 곳에 화이트보드를 둔다

대한민국의 영재들을 찾아 그들의 일상을 리얼하게 담아내는 SBS 〈영재 발굴단〉을 보면 각 분야의 영재들 집안 환경에는 공통점이 있었습니다. 바로 거실에 화이트보드가 있었습니다.

유치원 때부터 그날 배운 내용을 바로 화이트보드 앞에서 설명했다는 열세 살 영재, 화이트보드에 소인수분해를 척척 해내는 아홉 살 수학 영재, 미분·적분까지 풀어내는 여섯 살 숫자 알파고 어린이 등 이 프로그램에 나오는 아이들은 머릿속에 있는 지식과 정보를 화이트보드에 아낌없이 풀어내고 텍스트화했습니다. 자신의 생각을 풀어서 끝없이 쓸 수 있는 넓은 공간의 중요성을 보여준 프로그램이었습니다.

이 프로그램을 본 후 화이트보드의 위치를 바꿨습니다. 그전에도 화이트보드가 있긴 했지만, 방치되다시피 하고 거의 사용하지 않았거든요. 거실에 있던 낡은 소파를 버리고 그 위치에 화이트보드를 잘 보이게 고정했습니다. 이왕이면 집에 들어서면 바로 보이게 하는 것이 좋습니다. 그리고 칠판 가까이에 아이들이 앉을 수 있게 책걸상을 두고요. 그러면 공부를 하다가 막힐 때, 혹은 좀 더 넓은 쓸 공간이 필요할 때 아이들이 언제든지 일어서서 쓰고 교재나 문제집과 비교하며 활용할 수 있습니다.

큰아이는 한자 시험 공부를 할 때 한자의 필순을 써보며 한자를 익히고, 혼자 풀기 어려웠던 수학 문제를 직접 설명하며 풀기도 합니다. 작은아이는 이미 배운 덧셈과 뺄셈식을 적어보고 한글 단어도 써봅니다.

이 칠판은 부모에게도 유용합니다. 그전에는 아이에게 문제를 설명할 때 문제집 한 귀퉁이에 적곤 했는데 이제는 그럴 필요 없이 이 칠판에 도형이나 식을 쓰면서 설명할 수 있습니다. 그뿐인가요. 매일 아침 영어로 날짜를 적고, 아이에게 들려주고 싶은 말이나 해야 할 일 등을 적어둡니다. 우리 집 알림판인 셈이죠.

비록 모던함이나 심플함과는 거리가 먼 거실이지만 집안 환경도 곧 교육이라는 신념으로 아이들을 위한 공간으로 활용하고 있습니다.

칭찬 스티커로
공부의 즐거움 체험하기

거실 벽면에 걸려 있는 커다란 화이트보드는 두 아들의 칭찬 스티커판이기도 합니다. 처음에는 30개 칸을 채우고 다음에는 50개의 칸을 채우는 식으로 조금씩 단계별 난이도를 높입니다.

주간별로 해야 할 학습 내용을 계획표로 만들어 그날 목표로 했던 학습을 완료하면 스티커를 하루에 한 개씩 부여합니다. 기분이 좋거나, 마지막 칸을 채우기 위해 필요한 스티커 개수가 얼마 남지 않았을 때는 아이들은 저절로 학습 의욕이 올라 열정적으로 학습에 임하게 됩니다.

누가 시키지 않아도 자발적으로 열심히 하는 모습을 볼 때면 노력하는 모습이 너무 멋지다는 칭찬과 함께 인심이 후하다 싶을 정도로 스티커를 세 개 혹은 다섯 개까지 선물하기도 합니다. 그럼 아이들은 생각지도 못한 특별 보너스에 입이 귀에 걸립니다.

칭찬 스티커가 있다고 해서 항상 숙제나 공부가 즐겁지만은 않습니다. 학교 숙제와 집 공부 숙제가 많은 날은 아이가 하기 싫은 표현을 내비치기도 합니다. 그럴 때는 특별 당근으로 스티커 반 개를 추가해서 줍니다. 이른바 특별 보너스의 날이라고 해서 아이들의 학습 의욕을 북돋우기 위해 작전을 펼치는 거죠. 그럼 아이들은 내가 이제 그만 하고 자야 할 시간이라고 재촉해도 더 의욕적으로 공부합니다. 공부해라, 숙제해라 같은 잔소리보다 오히려 긍정적인 훈육이 더 지도하기 쉽습니다.

형제나 자매가 있는 가정이라면 선의의 경쟁을 펼치는 것도 좋고, 외동인 자녀를 키우는 가정이라면 부모와 아이가 함께 선의의 경쟁을 하는 것도 좋지 않을까요? 아이들의 컨디션이 좋지 않은 날은 엄마가 일이 너무 힘들어서 컨디션이 좋지 않으므로 숙제 면제권을 준다고 눈치껏 선포하기도 하고요.

이는 큰아이의 4학년 담임 선생님에게서 얻은 가르침이기도 합니다. 교통사고, 조기 정년 퇴임, 질병 때문에 담임 선생님이 세 번이나 바뀐 후 새로 부임한 선생님으로, 담임 선생님이 바뀌는 과정에서 아이와 제가 적응하는 데 어려움을 겪었지만 결과적으로 그 선생님을 만나서 정말 다행이라는 생각이 들 정도입니다. 그 선생님은 아이들의 자발적인 동기 부여를 위해 개인별 혹은 조별로 단위를 구분하여 아이들에게 규칙과 허용의 테두리를 정해주었습니다. 개인별로는 맛있는 간식 보상이나 숙제 면제권을 부여하고, 스스로 숙제를 하고 수업 시간에 집중력을 강화할 수 있는 시스템을 만들어주었죠. 교실 칠판에 부착된 칭찬 자석은 아이들의 자존감을 키워주는 또 하나의 훈장이었습니다.

심리적인 자유를 선물해주는 방식이 참 인상 깊었던 기억이 납니다. 그 선생님의 지도 덕분에 그 해에는 큰아이의 학교 숙제를 제가 따로 챙긴 적이 없습니다. 아이는 선생님이 주는 숙제 면제권을 얻기 위해, 혹은 자유 시간을 얻기 위해 스스로 숙제를 챙겼고 행여나 낮에 숙제하는 걸 깜빡 잊은 날은 밤늦게라도 기어이 숙제를 마무리했습니다.

이처럼 스스로 노력하면서 채워가는 칭찬 스티커로 아이의 자존감도 키우고 공부의 즐거움도 느끼게 해주세요.

다음은 매일 칭찬 스티커를 붙이고 관리하는 것이 귀찮거나, 내 아이의 성향에 다소 맞지 않는다 싶은 분들에게 추천하고 싶은 방법입니다. 그날 해야 하는 숙제나 목표로 하는 TO DO LIST 항목을 수행했을 경우 성과 제도로 활용할 수 있는 시스템입니다. 꼭 학습이 아니어도 좋습니다. 정리 정돈하는 습관을 기르고 싶다거나, 숙제나 준비물 챙기기 등 스스로 자기 할 일을 체크할 수 있는 능력을 기르고 싶다거나, 늦잠 자는 아이에게 일찍 기상하는 습관을 키우고 싶다거나, 아이의 긍정적인 생활 습관을 기르고 싶을 때 편리한 시스템입니다.

포털 사이트나 인터넷 쇼핑몰에서 '뽑기판'을 검색해 구입하세요. 아이가 그날 해야 할 일을 끝내면 뽑기 게임을 할 수 있는 권한을 부여하는 것입니다. 복불복 게임이라 스릴도 있고 즐겁습니다.

행운의 뽑기판 당첨

1등	서점 자유 이용권 15,000원	7등	문구점 자유 이용권 1,000원
2등	서점 자유 이용권 10,000원	8등	TV(VOD) 자유 시청권 1편
3등	마트 자유 이용권 5,000원	9등	게임 이용권 30분
4등	마트 자유 이용권 3,000원	10등	게임 이용권 20분
5등	숙제 면제권	11등	게임 이용권 10분
6등	문구점 자유 이용권 2,000원		

아이가 원하는 보상으로 이끌어보세요. 게임을 좋아하는 아이라면 게임 이용권으로, 장난감을 사고 싶어 하는 아이라면 금전적인 보상으로, 문구용품을 좋아하는 아이라면 문방구 이용권으로 만드는 겁니다. 아이가 원하는 보상으로 계속되는 긍정적인 경험을 통해 유지하고 싶은 습관 만들기를 해보세요. 만약 1만 원짜리 장난감을 사고 싶다면 자유 이용권 한도 금액을 차곡차곡 모아서

만족 지연 능력도 키우는 일거양득의 효과도 누려보세요.

아이의 긍정적인 습관을 기른다면서, 긍정적인 강화가 아닌 부정적인 강화를 하고 있지는 않나요? 공부해라, 정리 정돈해라, 일찍 일어나라 등 아이에게 좋은 습관을 길러주기 위해 하는 말들을 강압적으로 하고 있지는 않은지 본인의 톤과 표정, 그리고 수단을 되짚어보세요. 좋은 습관을 기르기 위해서 원하는 보상이 따르면 오히려 더욱 긍정적인 분위기로 흘러가기 마련입니다. 방법을 바꾸면 분위기는 저절로 따라옵니다. 고단수 부모님이 되어봅시다!

포스트잇 플래그
적극 활용하기

퇴근 후 남편이 저녁 준비를 하는 사이, 저는 아이들이 풀이한 문제집을 채점합니다. 하지만 때로는 다른 순위에 밀려 당일 채점을 하지 못하는 경우가 많습니다. 그런 날에는 다음 날 평소보다 조금 더 일찍 일어나 식탁에 앉아 아이가 풀이한 문제집을 채점합니다. 여기서 조금 더 일찍이라는 시간은 고작 10분입니다.

원래 틀린 문제가 있는 페이지는 문제집 귀퉁이를 세모꼴로 접어뒀습니다. 그럼 제가 퇴근하기 전까지 아이는 접힌 페이지의 문제를 다시 풀이합니다. 그러나 나중에 살펴보면 아이는 오답 풀이를 누락한 경우가 더 많았습니다. 틀린 문제는 쳐다보지도 않고 아무 생각 없이 매일 해야 하는 공부 분량만 기계적으로 하는 것이죠. 몇 번 잔소리를 해도 그때뿐 아이의 행동은 변하지 않았습니다.

이 습관을 바로잡는 법을 익혔습니다. 독서를 하다 잠시 중단해야 할 때 읽고 있던 책 페이지를 표시하는 접착식 플래그에서 힌트를 얻었습니다.

아이가 틀린 문제가 있는 페이지에 너비가 넓은 3M 포스트잇 플래그를 붙여두었습니다. 부표는 고기를 잡는 데 쓰는 도구나 닻과 같은 물속에 있는 물체의 위치를 나타내기 위하여 사용하는 것을 말합니다. 그렇다면 포스트잇 플래그는 문제집(바다) 속에서 오답(도구나 닻)의 위치를 파악할 수 있는 부표인 셈입니다.

출근 전 조용한 시간, 아이가 풀이한 문제집에 포스트잇 플래그를 붙여둡니다. 이 행위에 나름 규칙도 있습니다. 세 번 틀린 문제가 있는 페이지에는 빨간색 플래그를, 두 번 틀린 문제는 파란색 플래그를, 처음 틀린 문제는 노란색 플래그를 붙여둡니다. 그러면 처음 틀린 문제가 있는 페이지, 두 번 틀린 문제가 있는 페이지, 세 번 틀린 문제가 있는 페이지 표식이 한눈에 보입니다. 문제집이라는 망망대해에서 오답이 어디에 둥둥 떠 있는지 잘 보인다고 표현해야 할까요? 그 뒤로 어떻게 되었을까요? 문제집을 풀이하는 아이와 그 문제집을 채점하는 저는 망망대해에 떠 있는 찾기 어려운 오답 페이지를 이제는 색깔별 부표를 찾아 언제 어디서든 손쉽게 찾아

갈 수 있습니다.

그리고 아이가 풀이한 문제를 채점해서 오답을 바로잡으면 빨간색 부표든, 파란색 부표든, 노란색 부표든 다 떼어냅니다. 이런 제 행동을 유심히 지켜보던 아이가 해맑게 웃으며 말합니다.

"엄마가 채점해서 맞으면 플래그를 떼어내는데 이상하게 제가 기분이 너무 좋아요. 왠지 모르게 뿌듯한 기분이 들어요."

오답 풀이를 제대로 하고 싶다면 포스트잇 플래그를 추천합니다. 떼었다가 다시 붙일 수 있고 내구성도 뛰어납니다. 부모와 아이 모두 망망대해에 떠 있는 오답 찾아 삼만 리를 하는 수고를 줄여 줄 것입니다.

그동안 저는 아이가 오답 풀이를 제대로 하지 않는 것을 보고 게으르다고 생각했습니다. 사실 생각만 한 것이 아니라 대놓고 다그치기도 했습니다. 사실 아이는 길을 잘 몰라서 그랬던 건데, 저는 아이에게 방향을 제대로 알려주지도 않았으면서 잘 찾아가라고 다그치기만 했던 것 같습니다. 난생처음 모르는 길을 걷다 보면 분명 결정하기 어려운 기로에 마주합니다. 왼쪽인지, 오른쪽인지 헷갈립니다. 분명 왼쪽이 맞을 거라 생각해서 그쪽으로 갔는데, 정작 오른쪽이 답인 경우도 있습니다. 실수죠. 그럼 다시 돌아가서 실수를 바로잡아야 합니다. 그런 다음 맞는 방향으로 가야 합니다. 공부도 마찬가지입니다. 아이에게 길잡이가 되어주세요.

준비물은 미리미리,
사소한 숙제에도 관심을 가지세요

아이가 초등학교에 입학하면 부모의 손길을 필요로 하는 경우가 많습니다. 특히 워킹맘이라면 엄마의 부족한 손길을 채우기 위해 발을 동동거려야 합니다.

아이가 학교에 입학한 첫날은 반드시 따라가는 것이 좋습니다. 새로운 환경에서 시작하는 아이를 응원해주고, 학교에서 필요한 준비물도 미리 챙겨주기 위해서죠. 예를 들어 아이가 학교에서 가져올 알림장에는 칸 노트, 미니 빗자루, 파일 폴더, L자 파일, 색연필, 사인펜 등 준비해야 할 것이 많습니다. 친한 엄마는 퇴근 후 부랴부랴 아이의 준비물을 사기 위해 문구점에 갔다가 일부 학용품이 이미 떨어져서 허탈해했습니다.

저 역시 이런 경험을 많이 했습니다. 여느 날과 다름없이 저녁 식사를 마치고 뒤늦게 아이의 알림장을 확인하다가 준비물을 보고는 당혹스러움을 느낍니다. 문구점은 이미 문을 닫았는데 사야 할 준비물이 있는 것이죠. 그래서 다음 날 출근 전에 분리수거장을 뒤져서 요구르트병을 찾거나 휴지 심을 만들기 위해 멀쩡한 두루마리 화장지를 풀어헤치기도 하고, 바닥에 떨어진 낙엽이나 꽃잎을 줍느라 발을 동동거린 적도 있습니다.

몇 번 이런 일을 겪은 뒤에는 학용품 같은 필수용품은 미리 준비를 해놓습니다. 칸·줄 노트, 영어 노트, 알림장, 지우개, 연필 등 자주 쓰는 준비물은 넉넉하게 구비를 해두죠. 그리고 갑작스럽게 준비물이 생길 때면 아이에게 미리 전화를 해달라고 부탁을 합니다. 엄마가 일하니까 알림장에 적힌 준비물을 미리 알려주면 퇴근길에 사 가겠다고요. 그 덕분에 삼각자, 리코더, 컴퍼스 등 예기치 못한 준비물을 미리 준비할 수 있었습니다. 3학년부터는 문자와 카메라 기능이 있는 미니폰을 장만해서 하교 후 알림장을 사진으로 찍어서 보내달라고 했습니다.

하지만 아쉬운 점도 참 많습니다. 큰아이의 초등학교 입학 시절을 되짚어보면서 아쉬운 몇 가지를 말해볼까 합니다. 둘째가 입학한다면 조금 더 잘할 수 있을 것 같습니다.

엄마와 아이의 '소통'

막상 초등학교 1학년이 되면 아이도 엄마도 어떻게 해야 할지 몰라 참으로 막막합니다. 이제는 '보육'이 아니라 엄연한 '교육'이라는 이름으로, 본격적인 사회생활의 첫발을 내딛게 되니까요. 어린이집이나 유치원은 아이들의 실수를 '허용'하는 사교육이었다면, 학교는 '평가'하는 공교육입니다. 그렇다고 초등학교 교사들이 아이를 엄하게 대한다는 뜻은 아닙니다. 하지만 초등학교 입학 후는 '평가'라는 기준으로 아이를 대하는 것은 엄연한 사실입니다.

솔직히 말하면 아이가 초등학교에 입학하기 전에는 받아쓰기, 숙제, 발표 등에 그리 큰 의미를 두지 않았습니다. 하지만 초등학교에 입학한다면 조금은 냉정하게 생각해봐야 합니다. 엄마의 관심과 정성이 그대로 아이의 성과로 나타나기 때문입니다.

초등학교 1학년이 끝나갈 무렵, 큰아이의 학예 발표회가 있었습니다. 긴장되고 떨렸던 입학식이 엊그제 같은데 어느새 한 해를 마무리하는 모습이 기특했어요. 마지막을 장식하는 공연은 멜로디언 연주였습니다. 그런데 큰아이의 멜로디언 호스가 자꾸 빠져서 연주에 집중하지 못했습니다. 너무나 안타까웠습니다. 저렇게 될 때까지 사달라고 하지 않은 아이에게 답답함마저 느껴졌습니다. 연주가 끝나고 아이에게 물었습니다.

"왜 엄마에게 미리 말하지 않았어?"

"혼이 날까 봐 말하지 못했어요."

가만 생각해보니 제가 챙겨준 준비물을 선생님에게 제출하지 않고 가방에 그대로 다시 가지고 온 적도 있었고, 책상 서랍에 있던 교과서도 찾지 못해 한 달 내내 교과서 없이 수업을 한 적도 있었습니다. 그 외에도 많은 해프닝이 있었죠. 이런 일은 아이가 말하지 않으면 엄마는 모를 수밖에 없습니다. 학부모 상담 때 알게 되면 정말 황당하기 그지없습니다.

이런 불상사(?)가 일어나기 전에 아이와 매일 밤 대화를 나눌 것을 권합니다. 준비물이 다 떨어진 것은 없는지, 불편한 것은 없는지 아이에게 물어보세요. 그렇게 한다면 저처럼 황당한 일을 조금이나마 적게 겪지 않을까요?

엄마의 관심

초등학교에 입학하면 소소한 숙제들이 많습니다. 엄마가 보기에는 '공부'가 아닌 '자질구레한 숙제'로 보이는 것들이죠. 내심 '이런 것까지 해야 해?' 하는 귀찮은 숙제들이 제법 많습니다.

큰아이가 1학년 때의 일입니다. 일주일에 한 번 동시를 외워서 낭독하고 교장 선생님에게 사인을 받는 숙제가 있었습니다. 그리고 1학년 필독 도서를 읽고 독후감을 쓰는 활동이 있었습니다. 이

것 역시 '의무'가 아니라 '권장'이었습니다.

이제 1학년인데 굳이 해야 할 필요가 있을까 싶어 큰 관심을 두지 않았습니다. 그러다 학년말 겨울방학을 앞두고 담임 선생님이 반별 알림장에 쓴 메시지를 확인하고는 아차 싶었습니다.

- 50개의 모든 동시를 외운 아이들은 '동시 왕' 상장을 부여하오니 검사 받기
- 1학년 필독 도서 50권을 읽고 독후 활동을 한 아이들은 '독서 왕' 상장을 부여하오니 검사 받기
- 칭찬 도장 300개 이상 받은 아이들은 '수상'을 하니 검사 받기

저처럼 그동안 관심이 없었던 반 엄마들은 부랴부랴 준비하기도 했고, 이미 늦었다며 포기하기도 했습니다. 작고 사소하게 여겼던 숙제가 곧 상장으로 연결될 줄은 몰랐던 거죠.

사실 1학년 1학기 때는 아이의 칭찬 도장에도 별 관심을 두지 않았습니다. 작고 사소한 것에 욕심내는 유별난 엄마인 것 같아 아이가 스스로 하게끔 믿고 내버려두자는 뜻도 있었습니다. 하지만 엄마가 관심이 없으니, 아이는 칭찬 도장이 하나일 때도 있었고 아무것도 없을 때도 있었습니다.

2학기 때는 이렇게는 안 되겠다 싶어서 칭찬 도장에 따라 상과 벌을 주었더니 아이 스스로 더 많은 칭찬 도장을 받기 위해 노력했

습니다. 그러더니 단기간에 놀라운 속도로 칭찬 도장 300개를 받아왔습니다. 지나가는 말로 "오늘은 칭찬 도장 몇 개 받았어?"라고 물어보면 아이는 기뻐했습니다. 아이는 그 후로도 확실한 상이 있으면 스스로 보람을 느끼고 성취감과 인정욕구를 채워갔습니다.

칭찬 도장 300개를 채운 큰아이는 이번에는 동시 50개 외우기에 도전했습니다. 누가 시키지 않아도 잠들기 전 외우다가 잠이 들었고 엘리베이터를 탈 때도 외웠습니다. 그리고 예상보다 빨리 목표를 완료했습니다. 칭찬 도장 300개 획득이라는 첫 번째 성취 경험이 두 번째 도전인 '동시 외우기'로 넓혀졌던 거죠.

엄마가 아이의 숙제를 작고 사소하게 여기면 아이 역시 학교 숙제를 별것 아닌 것으로 쉽게 보고 만다는 것을 깨달았습니다. 엄마의 작은 관심 하나가 아이를 저절로 움직이게 한다는 것을 조금 더 일찍 깨닫지 못한 것이 아쉬웠습니다. 그리고 처음 경험한 성취감과 만족감이 또 다른 도전과 성취감으로 이어진다는 것, 1학년 말이 되어서야 비로소 느낀 경험이었습니다.

왜 일찍 관심을 두지 못했고, 잔소리가 아닌 다른 방법으로 아이를 다뤄볼 생각을 하지 못했을까 하는 크고 작은 후회와 아쉬움이 남습니다. 그래도 아이와 이렇게 좌충우돌 시행착오를 겪어가는 사이, 아이도 나도 그만큼 자라고 있지 않을까요? 오늘은 어제보다 조금 더 성숙한 학부모가 되어 있지 않을까 하는 희망을 품어봅니다.

학교 행사는
미리 알 수 있습니다

큰아이가 초등학교 저학년일 때는 학교 엄마들 모임이며 봉사 활동이며 여기저기 많이 참여했습니다. 그러다 보니 단체 채팅방이나 인터넷 모임 등에서 많이 활동하게 되더군요. 하지만 고학년이 되면서 단체 채팅방이나 봉사 활동 참여가 현저히 낮아졌습니다. 다른 엄마들도 사정이 비슷해서 자연스럽게 반 모임이나 단체 채팅방이 사라지는 분위기가 되더군요. 같은 반 엄마들끼리 학급 분위기나 숙제, 발표회 등 아이들과 관련된 내용을 종종 공유하곤 했는데 좀 아쉬운 마음이 들었습니다.

하지만 방법이 아예 없는 것은 아닙니다. 다음은 학급 분위기나 학교 일정을 참고하는 데 도움이 될 만한 방법입니다.

학교알리미

【 사이트 】 https://www.schoolinfo.go.kr

학기 초에 학교알리미 사이트를 방문하여 아이가 다니는 학교의 일정 및 계획을 확인하는 것이 좋습니다. 이 사이트에서는 학년별 학업 성취 기준 평가 계획을 학기로 구분하여 공시합니다. 또한 각 과목의 단원별 평가의 시기와 평가 유형 및 방법을 안내하고 있습니다. 각 과목의 단원 평가를 서술/수행으로 구분하여 평가 방법을 공시합니다. 2015 개정 교육 과정이 평가 면에서 보면 지식의 암기에서 수행 과정 위주로 변화하고 있습니다. 학교알리미 사이트에서는 구체적인 평가 시기와 항목, 기준, 배점 등을 사전에 확인할 수 있으니 아이의 학습 체크를 미리 해두면 좋습니다.

각 과목별 교육 과정에 따른 연간 지도 계획을 공시하고 있어서 사전에 아이의 학습 진도를 미리 파악해서 예습 및 복습 진도를 세우기에 유용합니다. 게으름이나 각종 경조사 때문에 예습이나 복습을 빠뜨렸다면 과목별 학습 진도 계획표를 참고하면 좋습니다.

학교의 연중행사 일정 중에서 공개 수업 또는 학부모 상담 주간 등 연간 학교 운영 계획을 미리 확인할 수 있습니다. 일하는 엄마라면 이것을 바탕으로 조퇴 혹은 연차를 미리 계획하면 유용합니다.

학교알리미 사이트를 1년 중 1학기에 한 번, 2학기에 한 번 정도 방문하여 사전에 학급 평가 일정 및 학교 행사를 파악해두면 여러모로 유용합니다. 1학기 정보는 보통 4월경에, 2학기 정보는 9월경에 공시됩니다. 중간에 수시로 공시하는 경우도 있습니다.

학부모 ON누리

[사이트] http://www.parents.go.kr

학부모 교육 자료 및 정책 내용이 게재된 사이트입니다. 다양한 형태의 학부모 교육 자료를 개발하여 학부모 ON누리를 통해 제공하고 있으며, 웹진이나 SNS 등을 활용하여 국내외 교육 정책 동향, 학부모 교육 참여 및 자녀 교육 정보 등 최신 교육 뉴스를 제공하고 있습니다. 특히 자기주도 학습, 진로·진학, 창의성, 인성 교육 등 자녀 교육과 관련된 핵심 내용을 주제로 온라인 교육 과정을 운영하고 있습니다. 제가 학부모 ON누리 사이트에서 가장 좋았던 카테고리가 온라인 교육 과정이었습니다.

주위 또래 학부모들과 교류할 기회나 시간이 부족했기에 교육 정보에 응달이 생길 수밖에 없었습니다. 학교에서 주최하는 부모 교육 역시 평일이라 참여하기가 쉽지 않았습니다. 하지만 학부모 ON누리 사이트를 통해서 무료로 양질의 교육을 수강할 수 있었습니다. 예비 학부모, 초·중·고 학부모를 위한 온라인 교육 과정을 통해 도움을 받아보세요.

휴대폰 알람과
계획표의 도움을 받기

휴대폰 알람

초등 1학년 딸아이를 둔 지인은 아침마다 전쟁이라고 하소연을 했습니다. 시간 개념이 없어 늦장 부리는 아이에게 마치 뻐꾸기시계처럼 매시간마다 "7시다!", "8시다!"라고 언성을 높이며 재촉해도 아이는 여전하다고 말입니다.

　지인의 말을 듣고 있자니 지난 시간이 떠올랐습니다.

　저 역시 하루 24시간 중 눈을 떠서 집을 나서기까지의 아침 시간이 눈코 뜰 새 없이 가장 바쁜 시간입니다. 가족들의 출근과 등교를 도와야 하고 아침 식사도 준비해야 합니다. 게다가 큰아이의 공부도 봐줘야 합니다. 엄마의 손길 없이 등교 준비를 하고 아침 공부를 시작하려면 시간 개념을 미리 인지하면 좋은데 아이가 어릴 때는 시간 개념이 좀 부족했습니다.

아이가 시계 읽기를 익혔다고 해서 저절로 시간 개념이 생기는 것은 아닙니다. 사실 시간이란 추상적이고 인위적인 개념입니다. 기분이나 상황에 따라 다르게 느껴지죠. 유독 아침 시간은 왜 그리도 순식간에 지나갈까요? 촉박하게 흐르는 시간에 애가 타는 부모의 마음은 아는지 모르는지 바쁠 때 되레 더욱 느리게 행동하는 아이를 볼 때면 답답하기만 합니다. 하지만 아이 입장에서는 시간이 없다고 빨리하라고 재촉하는 상황을 이해할 수 없는 거죠.

그래서 아이가 어릴 때는 자주 회사에 지각할 위기를 맞곤 했습니다. 출근에 늦을까 봐 전투 모드로 준비를 서두를 때, 불필요하게 감정과 에너지를 소모하지 않으면서 제때 해내는 방법을 알려드리겠습니다. 바로 각각 해야 할 일마다 다르게 알람 소리를 설정하는 것입니다.

① 첫 번째 알람 : 식사 후 늦어도 양치질을 해야 할 시간

식사 후 양치질을 하고 옷을 갈아입어야 하는 시간입니다. 외투를 입고 현관문을 나설 수 있도록 미리 준비를 마쳐야 하는 것이죠. 이 알람 이후로 본격적인 등교 준비를 시작합니다.

② 두 번째 알람 : 등교 10분 전 알람

거실 책상에 앉아 대략 5분 정도의 연산 학습지(주산 학습지)를 풀이할 시간입니다. 이미 등교할 준비는 완료한 상태이므로 연산 학습지만 풀면 됩니다.

③ 세 번째 알람 : 등교 5분 전 알람

문제를 풀다 보면 간혹 예상 시간을 초과합니다. 전날에 틀린 문제를 풀다가 늦기도 합니다. 이럴 경우를 대비해서 미리 알람을 설정해두고 알람이 울리면 정해진 양만큼 풀지 못했다고 하더라도 일단 학습지를 덮습니다. 그런 다음 약 5분 동안 외투를 챙겨 입고 학교 준비물을 잘 챙겼는지 점검합니다. 이제 현관문을 나섭니다.

이렇게 등교 준비 흐름에 따라 알람을 맞춰둔 덕분에 잔소리할 이유가 없어졌습니다. 아이들에게 빨리 준비하라며 다급하게 재촉하지 않아도 됩니다. 아이는 엄마의 잔소리가 아니라 알람 소리에 맞춰서 알아서 등교 준비를 합니다.

아침에 등교 준비에 늑장을 부리는 아이가 있다면 휴대폰 알람 소리로 현재 시간의 흐름을 자각할 수 있도록 하는 것 또한 좋은 방법인 것 같습니다.

계획표

학원을 보내지 않고, 양가 어른들의 도움 없이 아이를 키우다 보면 부족한 어른들의 손길과 시간만큼 아이에게 숙제를 내줍니다. 그러고는 퇴근 후 확인해보면 아이는 약속한 숙제 중 일부를 빠뜨리고 안 해놓은 경우가 있습니다. 아이 입장에서는 숙제를 다 끝냈다고 생각했겠지만 한두 개가 빠진 거죠. 그래서 초등 저학년에서 고학년까지 아이의 학년과 학기/방학으로 구별하여 계획표를 만들었습니다.

머릿속에 떠다니는 해야 할 일을 생각했을 때는 구체적이지 않지만 표를 만들어서 정리해놓으면 육안으로 직접 확인할 수 있어서 자기 점검 또한 편리합니다. 클립 파일에 끼워서 책상 위에 올려놓기만 해도 '아, 오늘 할 일이 이렇게 있구나.' 하고 해야 할 일을 예측할 수 있죠.

처음 계획표를 만들 때는 욕심내지 말고 체크하기 편한 간단한 양식으로 만듭니다. 초등 1학년 때는 공부보다는 아이 혼자서 준비물을 챙기고 학교 숙제를 하고 책을 읽는 것을 중심으로 만드는 게 좋습니다. 특히 학교생활이 낯선 아이를 고려해서 방과 후 수업 시간이나 수업 장소를 표시해서 아이가 잘 찾아갈 수 있도록 했습니다. 그래서 "엄마, 로봇 수업은 어느 교실에서 해?"라는 전화를 받아본 적이 없습니다.

목표를 세울 때 처음에는 의욕적으로 이것도 추가하고 저것도 추가하는 등 타오르는 열정에 욕심을 냅니다. 하지만 그게 마음처럼 되지 않습니다. 성격이 급한 탓에 단기간에 성과를 내려고 야심 차게 계획을 세우지만 뜻대로 되지 않아 자괴감에 빠진 적도 많습니다. 엄마표 학습은 가늘고 길게 가야 한다고 생각합니다. 그게 아이는 물론 엄마를 위해서도 바람직한 방법이 아닐까 싶습니다. 욕심내서 빨리 달리는 만큼 지치게 되니까요.

아이는 계획표에 수행 완료했다는 ∨ 표시를 할 때마다 뿌듯해합니다. 오늘 하루 자신이 목표로 한 일들을 해냈다는 사실에 성취감을 느끼는 것이죠. 이렇게 아이가 그날그날 해낼 만큼의 목표를 만들어서 그걸 이루어가는 성취감을 누리게 하여, 이를 통해 자신감과 자존감을 키울 수 있게 해주세요.

정보력이 곧 돈이다!
무료 영어 교육 사이트 모음

Oxford Owl for Home

【 사이트 】 https://home.oxfordowl.co.uk

Oxford Owl은 옥스퍼드대학교 출판부에서 만든 사이트로, 학교나 가정에서 교육에 도움이 되는 자료를 배포하고 있습니다. 크게 Oxford Owl for School 사이트와 Oxford Owl for Home으로 나뉘는데, 후자에서 옥스퍼드대학교 출판부의 책을 다양하게 접할 수 있습니다.

상단 배너 중에서 Bookshop 카테고리를 클릭합니다. 페이지 정면의 빨간색 'Browse the eBook library here'를 클릭하면 FREE eBook Library from Oxford Owl for Home 페이지로 이동합니다. 혹은 메인 페이지에서 Free eBook library를 클릭한 후 'Browse the eBook library'를 클릭해도 되고요. 그렇게 나타나는 페이지 제목은 'FREE eBook Library from Oxford Owl for Home'입니다. 여기에서 ORT_{Oxford Reading Tree} 시리즈의 일부 교재를 무료로 읽을 수 있습니다. 선뜻 구입하기 부담스러운 교재를 무료로 접할 수 있고 다양하고 유익한 콘텐츠를 제공하고 있어서 만족도가 높은 사이트입니다. 다양한 e-book과 액티비티 자료 및 음원 서비스도 합니다. PDF로 출력도 가능하고, 플래시 게임으로 영어 발음도 익힐 수 있습니다. 스마트 기기로도 읽을 수 있고 영어 원서와 함께 음성 지원이 되므로 영어 발음 걱정이 되는 엄마들에게 많은 도움이 됩니다. 또한 연령별로 구분되어 있어 엄마표 영어 교육으로 활용하기에도 좋습니다. 제공하는 자료를 이용하려면 회원 가입을 해야 합니다. (단, 회원 가입 시 가입한 이메일 주소로 수신된 가입 인증 요청 메일 하단에 확인을 클릭해야만 로그인이 가능합니다. 보통 스팸 메일함으로 수신되는 경우가 많으므로 스팸 메일함을 확인해야 합니다.)

Free Kids Books

【 사이트 】 https://freekidsbooks.org

별도의 회원 가입 절차 없이 e-book을 다운받을 수 있습니다. 사이트 상단에 유아부터 청소년까지 난이도별로 정리되어 있습니다.

아이 수준에 맞는 레벨을 선택하면 됩니다. 무료 사이트이지만 많은 종류의 e-book을 다운로드할 수 있습니다. 또한 책의 독자가 리뷰를 남겨서 흥미 있는 책을 선별하는 데도 많은 도움이 됩니다. 온라인으로 읽은 구독자 수와 다운로드한 누적 수도 관리되고 있어서 책을 선정하는 데 도움이 됩니다.

칸 아카데미 & 칸 아카데미 키즈

【 사이트 】 https://www.khanacademy.org

【 한국어 사이트 】 https://ko.khanacademy.org

칸 아카데미는 2004년 살만 칸이 조카에게 수학을 가르쳐주기 위해 유튜브에 동영상을 올린 것을 시작으로 인기를 얻으면서 2008년에 설립한 비영리 단체입니다.

　모든 곳의 모든 이들을 위한 세계적 수준의 무상교육을 통해 더 많은 사람들이 자신의 호기심과 배움을 제한 없이 충족시킬 수 있도록 합니다. 강의는 수학부터 과학, 금융, 예술 등 다양한 분야를 유치 수준부터 고교 수준까지 수준별로 나눠 4,000여 개의 동영상 강의를 전 세계 36개 언어로 제공하고 있습니다. 칸 아카데미에서 활동하고 있는 교사는 190개국 100만 명이며, 3,100만 명의 학생들이 등록해 공부하고 있습니다.

　사이트를 기반으로 무료 앱도 다운받을 수 있습니다. 초등 저학년 이하라면 'Khan Academy kids: Free educational games &

books'입니다. 이 앱은 스탠퍼드교육대학원 소속 연구원들과 칸 아카데미 내 조기학습팀이 공동 개발했습니다. 살만 칸은 "우리의 목표는 평생 동안 배움을 사랑할 수 있도록 영감을 주는 것"이라며 "아이들이 앱을 통해 공부의 즐거움을 알아갔으면 한다."라고 소감을 밝혔습니다.

처음 시작할 때는 이메일 인증과 함께 아이 이름과 연령을 설정해서 진행하면 됩니다. 형제나 자매를 추가하고 싶다면 오른쪽 상단에 캐릭터 그림 부분이 잠긴 표시로 되어 있지만, 왼쪽에서 오른쪽으로 드래그하면 추가 설정할 수 있도록 변환됩니다.

선 긋기, 색칠 공부, 영상, 매칭하기, 그림 그리기, 연산, 논리, 파닉스 등 양질의 콘텐츠를 무료로 이용할 수 있습니다. 아이들이 좋아할 만한 액티비티 활동이 많아 유익한 학습 시간으로 이끌어줍니다. 더 궁금한 것이 있다면 그의 저서 《나는 공짜로 공부한다》를 읽어봐도 좋을 것입니다.

Starfall

【 사이트 】 https://www.starfall.com

영어 무료 콘텐츠 사이트입니다. 어린이에게 읽기를 가르치는 무료 공공 서비스로, 어릴 적 난독증으로 영어 읽기에 어려움을 겪었던 스티븐 슈츠 박사가 개발했고 비영리 단체 스타펄교육재단에서 운영합니다.

이 사이트에 접속하면 다양한 콘텐츠를 이용할 수 있습니다. 파닉스 활동부터 보면 메인 홈페이지에서 kindergarten 클릭 후 ABCs를 클릭하면 됩니다. 앱으로는 starfall ABCs 앱을 다운받으세요. 이 앱은 단모음, 장모음, 이중 모음 순으로 익힐 수 있는 체계적인 학습 콘텐츠입니다.

여기서는 각 알파벳 읽기, 각 알파벳의 대문자와 소문자 매칭, 각 알파벳이 내는 소리 영역 활동인 기초 파닉스 활동을 할 수 있습니다. 영어 단어와 그림, 그리고 단어 소리까지 함께 배울 수 있습니다. 예를 들어 알파벳 A를 클릭하면 A의 음가를 들려주고 apple 등 관련 단어를 세 가지 정도 보여줍니다. 여기에 영어 단어들을 쉽게 익힐 수 있는 각종 게임들까지, 파닉스를 쉽게 익힐 수 있도록 구성되어 있습니다. 화려하지 않고 깔끔하고 군더더기 없는 구성입니다.

영어와 예술, 수학 프로그램을 게임 형식으로 제공하므로 알파벳을 모르는 유치원생부터 초등 3학년까지 접하기 좋은 해외 무료 온라인 사이트입니다. 많은 콘텐츠가 무료이지만 추가로 더 많은 자료를 원할 경우 유료 회원이 될 수 있습니다. 현재 무료로 이용할 수 있는 콘텐츠는 ABCs(파닉스), Learn to Read, It's Fun to Read, I'm Reading 등입니다.

ABC Kids - Tracing & Phonics

【 앱 】 https://play.google.com/store/apps/details?id=com.rvappstudios.abc_kids_toddler_tracing_phonics

영어로 영역 활동을 할 수 있는 앱입니다. 여섯 가지 활동 영역을 여섯 개의 기차로 분류하고 있습니다. 첫 번째와 두 번째 기차는 알파벳 대문자와 소문자를 쓰면서 영어 쓰기의 순서를 바르게 익힐 수 있게 하는 활동입니다. 활동을 종료한 후 다음 활동으로 넘어가려면 상단에 있는 X 표시를 오른쪽에서 왼쪽으로 끌어줘야 합니다. 세 번째 기차는 알파벳 찾기 활동입니다. 알파벳을 찾으면 관련 단어를 노출할 수 있도록 이끌어줍니다. 네 번째 기차는 대문자와 소문자를 맞도록 연결시켜주는 활동입니다. 다섯 번째는 날아가는 풍선 중 제시하는 알파벳 클릭하기, 여섯 번째는 카드 뒤집기입니다. 처음 영어를 접하는 아이들에게 유용한 앱입니다. 처음 영어를 배우는 아이들이 특히 소문자를 헷갈려 하는데 이 앱을 이용해서 대소문자를 쉽게 연결할 수 있습니다.

앱 하단에 more apps를 보면 추가로 다운받을 수 있는 앱들이 있습니다. 추가 영역 활동으로 아이가 영어와 친해질 수 있도록 환경을 만들어보세요. 컴퓨터로 게임을 하는 습관보다 이런 학습 콘텐츠로 즐겁게 놀이하듯 영어를 익히는 환경을 만들어주는 건 어떨까요?

질투는
엄마표 영어의 힘

인간은 사회적인 동물이라는 말을 증명이라도 하듯 너도 나도 관계를 맺으려 애쓰며 살아갑니다. 대학 다닐 때는 같은 대학 친구들 속에서, 아이를 낳고는 동네 엄마들 속에서, 학부모가 되었을 때는 학교 엄마들 속에서, 직장을 다니면 조직 속에서. 이런 다양한 관계 속에서 부러운 사람 한두 명은 있기 마련입니다. 성적이 좋은 사람, 성과를 내는 사람, 아이 교육을 잘하는 사람, 영특한 자녀를 둔 엄마 등을 보면 부러움을 넘어 열등감을 느낍니다.

쉽지 않은 일들을 이뤄낸 사람들을 보면서 시기와 질투를 했습니다. 분명 그들이 애써서 얻은 결과임이 분명한데도 쉽게 얻은 행운처럼 치부했습니다. 스스로 '나는 안 돼'라고 평가절하하면서 그들의 성공을 인정하지 않으려 했습니다. 그러다 생각을 바꾸게 되었습니다. 오히려 질투 나는 사람을 곁에 두면서 제가 미처 생각하지 못했던 노하우나 유용한 정보를 얻게 되면서 역시 비법은 따로 있었다며 무릎을 쳤습니다. 그들의 노력과 성공 사례를 접하면서 불가능할 거라 생각했던 일이 어쩌면 저도 가능할지도 모른다는 희망이 생겨나더군요. 무기력에서 의욕적인 마인드로 바꿔준 촉매제가 되어준 것은 그 부러움과 질투였습니다.

엄마표 영어를 하다가 힘들거나 매너리즘에 빠지면 부러운 그들을 찾아갑니다. 부러우니까 모방하고 흉내 내는 거죠. 그럼 무기력했던 마음에 불쏘시개가 되더라고요. 과거처럼 소비적인 질투가 아니라 생산적인 질투로 그들의 발톱만큼이라도 따라가보자는 마음으로 변하더라고요. 부러운 이들을 찾아가는 방법은 그리 어렵지 않습니다.

SNS와 유튜브 채널

바다별에듀TV

【 유튜브 】 https://www.youtube.com/channel/UCPyAsjMckdKSKihuq8i2nEA

【 블로그 】 https://blog.naver.com/seastar95

자녀가 20년 전과 똑같은 학습지 영어 교육 방식에 흥미를 느끼지 않자 직접 아이들을 가르친 경험을 바탕으로 영어 학습의 노하우를 알려주는 채널입니다. 《잠수네 아이들의 소문난 영어 공부법》과 《솔빛이네 엄마표 영어 연수》에서 영향을 받아 엄마표 영어를 시작했다고 합니다.

'다독, 다양한 영상 콘텐츠, 꾸준히'라는 세 가지 원칙을 세우고 그것을 철저히 지켰습니다. 첫째는 영어책을 많이 읽게 하고, 둘째는 다양한 영어 영상 콘텐츠를 보게 하고, 셋째는 매일 꾸준히 일정 시간 영어를 받아들이도록 지도했습니다. 첫째 아이는 MBC 〈뇌깨비야 놀자 - 우리 아이 뇌를 깨우는 101가지 비밀〉의 '영어 적기 교육' 편에 성공한 경우로 소개되기도 했습니다.

새벽달

【 유튜브 】 https://www.youtube.com/channel/UCnWB5xHTkUm98zIwHeTfflw

【 블로그 】 https://blog.naver.com/afantibj

《엄마표 영어 17년 보고서》, 《엄마표 영어 17년 실전노트》, 《아이 마음을 읽는 단어》의 저자인 새벽달의 채널입니다. 엄마표 영어 학습을 하는 엄마들과 질문 및 답변으로 소통하고 있는데요, 방향성을 잃었을 때, 매너리즘이 찾아왔을 때 등 다양한 엄마들의 사연을 읽어주고 그에 따른 조언을 해주는 것이 도움이 되었습니다. 지금은 네이버 카페를 개설해서 온라인으로도 엄마들과 함께 엄마의 영어 공부 일기와 엄마의 자기계발 성장 일지를 기록하고 있습니다.

누리보듬

【 유튜브 】 https://www.youtube.com/channel/UCSf6qAQWx-5lvkvt_JW1lTw

【 블로그 】 https://blog.naver.com/firefly2013

《엄마표 영어 이제 시작합니다》,《누리보듬 홈스쿨》,《엄마표 영어, 7주 안에 완성합니다》의 저자인 누리보듬의 채널입니다. 아들이 초등학교에 입학할 무렵 엄마표 영어를 시작해서 열여섯 살에 호주 대학에 입학시킨 그녀의 노하우와 경험담이 녹아 있습니다. 무엇보다 아이가 여덟 살 이전까지 영어 노출이 제로였다는 점을 들며 늦었다고 생각할 때 아이 영어는 가장 빠르게 자란다고 설파하고 있습니다. 특히 블로그에서 엄마들과 소통을 많이 하고 있어 방문한다면 많은 정보를 얻을 수 있습니다.

효린파파

【 인스타그램 】 https://www.instagram.com/hyorin_papa2

【 유튜브 】 https://www.youtube.com/channel/UCdkeU2NiCGskJcLpE2LGGFg

《효린파파와 함께하는 참 쉬운, 엄마표 영어》의 저자이자 고등학교 영어 교사인 효린파파가 운영하는 채널입니다. 딸이 말문이 트일 무렵부터 영어로 대화를 시작해 지금에 이르기까지 딸과 함께했던 일상을 영어로 소개하고 있습니다. 상황에 따른 구체적인 생활 영어 대화가 들어 있어 엄마표 영어를 어떻게 해야 할지 막막한 초보 엄마들에게 추천할 만합니다. 인스타그램에서도 많은 활동을 하고 있습니다.

그가 철칙으로 여기는 여덟 가지 규칙은 다음과 같습니다.

- 꾸준하게
- 매일 최소량 설정
- 영어는 수단으로
- 영어 그림책 적극 활용
- 사람들 말에 휘둘리지 않기
- 아이에게 부담 주지 않기
- 질문 많이 하기
- 책, 생활, 대화, 놀이, 영상 모두 엮이도록 하기

미국엄마

[블로그] https://blog.naver.com/migookeomma

[유튜브] https://www.youtube.com/channel/UCqso0jcQ9Qe3B-FRrOVnx3Q

재미교포이자 영어 강사 출신인 미국엄마가 운영하는 채널입니다. 미국에서 태어난 아이와 원서 읽기, 독후 활동 등을 업로드하고 있습니다. 단순히 어떤 원서가 좋다는 내용뿐만 아니라 해당 원서의 출간 연도, 작가 등에 대해서 소개하고 배경지식까지 자세히

알려줍니다. 연령별 원서 추천 및 작가별 원서 추천 등 깊이 있는 그림책 소개로 엄마표 영어를 하는 엄마들 사이에서 입소문이 났습니다.

엄마표 영어로 아이의 눈과 귀를 트이게 해준 그들의 노하우와 정보를 접하면서 건강한 자극을 받아보세요. 저 역시 엄마표 영어 교육을 하면서 무기력해지면 질투가 날 만큼 부러운 그들을 찾아서 열정을 다시 불태우곤 합니다. 그들의 모든 것을 따라갈 수는 없다 하더라도 지금 내딛는 이 작은 한 걸음만으로도 나도 할 수 있다는 희망의 증거가 되니까요.

4 장

· 초등 혼자 매일 공부 ·

"
즐겁게 시작해서
꾸준하게

지속 가능한
공부 습관 잡아주기

"

• • •

아이의 성격에 따라 다르게 접근하세요 | 하루 한 장으로 시작하는 공부 습관 | 집 공부 스케줄 단계별 설정 방법 | 뇌를 깨우는 아침 10분의 틈새 학습 비법 | 학교 엄마들에 대처하는 우리의 자세 | 저절로 굴러가는 시스템 만들기 | 어릴 때부터 배우는 엉덩이의 힘 | 가끔은 '숙제 면제권'을 주세요 | 문제집 속에서 꽃피는 둘만의 비밀 암호 | 화이트보드에 기록하는 Today 학습 날짜 | 아이가 선생님이 될 때 공부 효과는 배가 됩니다 | 아이 습관보다는 엄마 습관이 먼저입니다

아이의 성격에 따라
다르게 접근하세요

주방에서 요리할 때 아이들 입맛을 고려해 두 가지 맛으로 만듭니다. 양파, 당근, 감자, 돼지고기를 넣고 조리하다가 두 냄비에 절반씩 나눕니다. 한 냄비에는 카레를 넣고 다른 냄비에는 짜장을 넣습니다. 큰아이는 카레를 좋아하고 작은아이는 짜장을 좋아해서입니다. 아침이 되면 작은아이는 스스로 알아서 일어나 거실로 나오는 반면, 큰아이는 깨우지 않으면 계속 잠에 빠져 있습니다. 형제인데도 이렇게 다릅니다.

이런 성향 탓일까요? 엄마표 학습을 하다 보면 큰아이와는 아주 쉬웠던 일들이 작은아이와는 전혀 예측할 수 없는 상황으로 흘러가 당혹스러울 때가 많습니다.

예를 들어 작은아이에게 플레이팩토 키즈 교구를 꺼내서 문제를 읽어주고 교구 수업을 하려는 찰나, 갑자기 하기 싫다며 안 한다는 겁니다. 큰아이는 오히려 더 하고 싶다며 '엄마, 공부 놀이하자' 하고 저를 귀찮게 할 정도였는데 말이죠. 그럴 때는 어쩌겠어요. 과감히 덮습니다. 하기 싫다는 아이, 억지로 붙들어서 얻는 건 없으니까요.

마시멜로 실험 아시죠? 스탠퍼드대학교의 연구진이 3~5세의 아이들을 대상으로 흥미로운 실험을 했습니다. 마시멜로가 든 접시를 두고 15분 동안 먹지 않고 기다리면 하나를 더 주겠다고 하고 방에서 나간 뒤 아이들의 행동을 관찰한 것이죠. 하얗고 푹신한 마시멜로, 당장이라도 한입 먹고 싶습니다. 그러나 마시멜로를 하나 더 얻으려면 참아야 합니다.

그런데 현대에 와서 마시멜로 실험을 다시 분석한 결과, 사실 마시멜로를 당장 먹었든 나중에 하나를 더 받았든 조건이 같다면 청소년기의 학업성취도에 거의 차이가 나타나지 않았다고 합니다. 여기서 말하는 '조건'이란 무엇일까요? 바로 가정환경과 부모의 학력, 그리고 양육방식입니다. 다시 말해 우리 아이가 마시멜로를 먹는 성향이 무엇인지 알고, 거기에 부모가 맞춰 양육하면 청소년기에 훌륭한 성적을 내는 아이로 키울 수 있다는 게 결론입니다.

우리 아이들에게 이 마시멜로 실험을 해보면 결과가 판이하게 나옵니다. 만약 지금 당장 마시멜로를 먹으면 1개밖에 못 먹고, 10분을 기다리면 2개를 먹을 수 있다고 한다면, 큰아이는 망설임 없이 10분을 기다려서 2개를 먹겠다고 합니다. 작은아이는요? 지금 당장 마시멜로 1개를 먹고 싶다는 녀석입니다.

이처럼 큰아이는 만족 지연을 잘 참을 수 있는 능력이 크지만, 작은아이는 순간의 유혹이 더 크게 다가오는 성향입니다. 따라서 똑같은 제도라도 큰아이와 작은아이에게는 다른 식으로 적용해야 합니다.

3장에서 언급했던 칭찬 스티커 제도 기억하시나요? 작은아이도 나이가 차서 학습지를 시작하게 되어 이 제도에 합류했습니다. 처음에는 형처럼 자신 몫의 학습지가 있다며 뿌듯해하고 즐거워했습니다. 처음에 작은아이는 멋지게 스티커 판을 가득 채우고 그 보상으로 받은 용돈으로 문구점에서 갖고 싶은 퍼즐을 샀습니다. 이때까지는 학습의 보람을 만끽하는 순간이었죠. 그런데 다시 스티커 판을 채우라고 하니, 안 한다는 겁니다. 그 넓은 공간을 다 채우려면 지금만큼의 노력을 또다시 해야 하니까요.

그래서 작은아이에게는 되도록 빨리 성취하여 만족감을 느낄 수 있도록 칭찬 스티커를 비교적 빨리 채울 수 있게 했습니다. 예를 들면 형은 칭찬 스티커 한 판의 개수가 50개라면 동생은 30개를 채운다든지 말이죠. 그러면 형은 불만이 없겠느냐고요? 당연히 있죠. 그래서 큰아이에게는 쉬운 설명이 필요합니다.

"엽아, 게임을 할 때 어때? 게임을 하면서 레벨 업할 때마다 난이도가 높아지잖아. 동생이 레벨 1단계라면 엽이는 레벨 3단계쯤 되는 거야. 레벨 1단계에서는 아이템 받는 게 쉽지만 레벨 업할수록 아이템 받는 게 어렵지 않아? 엽이는 레벨 3단계라서 아이템, 그러니까 스티커 받는 게 조금 더 어려울 뿐이야. 반면에 엽이는 지금 그만큼 어려운 레벨을 통과하는 중인 거고."

이 칭찬 스티커 제도를 게임에 비유하듯이 이야기해줬더니 큰아이는 금방 납득했습니다.

이렇게 서로 전혀 다른 성향을 가진 두 아이입니다. 저는 각자의 개성에 맞는 공부 시스템을 만들어주기 위해서 그때그때 다른 당근을 줍니다. 좀 시들해진다 싶으면 다른 것으로 바꿔보기도 하고요. 우리 아이에게는 우리 아이에게 맞는 방법이 필요합니다. 시행착오를 거쳐서 우리 아이에게 맞는 공부 시스템을 만들어보세요.

하루 한 장으로
시작하는 공부 습관

제가 집 공부를 시작한 지도 어느덧 10년 가까이 되었습니다. 엄마표 학습으로 아이를 가르친다고 하면 다들 대단하다는 눈길로 바라보지만 사실 사교육이든 집 공부든 불안한 마음은 같다고 생각합니다. 큰아이가 초등학교 입학하기 전까지 엄마로서 아이 공부에 최선을 다했다는 자부심이 있었습니다. 퇴근 후 비록 짧은 시간이지만 아이와 학습 놀이로 행복한 시간을 채웠다는 것만으로도 성취감은 물론 엄마로서의 자존감도 높아졌습니다. 하지만 큰아이가 초등학생이 되면서 엄마표 학습에 대한 고민이 깊어지는 순간을 종종 마주합니다. 공교육을 접하면서 아이에 대한 대견함은 물론, 걱정과 불안도 공존합니다.

물론 사교육을 했더라도 역시 고민이 깊어졌겠죠.

아이와 일대일 코칭을 하며 좌충우돌 시행착오를 겪으면서 함께 성장하는 중입니다. 처음에는 야심 차게 다양한 과목들로 학습 스케줄을 세워보지만 현실에서는 마음처럼 쉽지 않았습니다. 그래서 마음을 비우고 학교에서 배운 진도만큼 문제집을 풀어보기로 했습니다. 예습보다는 배운 내용을 제대로 이해하는 복습이 중요하기에 아이 스스로 복습하는 습관을 길러주고 싶었습니다. 하지만 학교에서 매주 금요일에 배부되는 주간 학습 계획표대로 수업이 이루어지지 않았고, 때에 따라 규칙이 바뀌다 보니 꾸준하게 이어가기가 쉽지 않았습니다. 아이도 상황에 따라 달라지는 규칙에 혼란스러워했습니다. 저도 퇴근 후 오늘은 수업 시간에 수학을 배웠는지, 영어를 배웠는지 다시 확인한 후 문제집 채점을 해야 해서 번거로웠습니다.

그래서 단순한 목표가 지속 가능하다는 것을 깨닫고 '매일 문제집 하루 한 장'을 풀도록 했습니다. 하루 한 장이라는 습관이 학교 진도보다 느릴 때는 복습이 되고, 학교 진도보다 빠르게 나아갈 때는 예습이 되기도 합니다.

그렇다면 어떤 문제집을 선택해야 할까요? 저는 어떤 문제집이든 모두 좋은 교재라고 생각합니다. 그 교재를 좋은 교재로 만드는 길은 그것을 어떻게 사용하느냐에 달려 있습니다. 따라서 어느 교재가 더 좋을까 검색하느라 시간을 보내기보다는 괜찮은 교재 하나를 정해서 꾸준히 공부하는 것이 더 효과적입니다. 어떤 교재가 좋을지 검색하는 시간에 꾸준히 자기주도 학습 습관을 기를 수 있도록 코칭하고 격려하는 것이 보다 효율적이라는 말이죠.

제가 구입했던 초등 교과 문제집은 다음과 같습니다.

초등학교 1·2학년에 풀이하는 문제집

《우등생 해법 국어, 수학》-천재교육

수학 교과서를 집필하는 천재교육에서 출간한 문제집입니다. 학교에서 출제되는 단원 평가와 유사한 문제 유형이 많아 단원평가 대비에 많은 도움이 되었습니다. 문제가 많아 마지막까지 풀이하기에는 버거운 양이었으나, 난이도가 높지 않아 수학에 대한 자신감을 기르는 데 도움이 되었습니다. 수학과 국어 문제집을 구입했지만, 국어보다는 수학을 중점적으로 풀게 했습니다.

초등학교 3학년 이후부터 풀이하는 문제집

《디딤돌 초등 통합본》-디딤돌교육

초등학교 3학년부터는 하루 한 장씩 풀이하기에 부담이 없는 것으로 선택했습니다. 문제집이 두꺼우면 엄마도 아이도 부담스럽기에 얇고 시간이 그리 걸리지 않는 문제집을 선택했습니다. 디딤돌교육에서 출간한 초등 통합본 국어·사회·과학 문제집입니다. 일단 과목별로 분권화되어서 얇고 가볍습니다. 한 학기 동안 풀기에 부담 없는 문제 양입니다.

예습용 문제집

《만점왕 초등 수학》-EBS

5학년이 되면서 한 학기 예습을 시작했습니다. 4학년 때는 방학을 이용해서 교과보다 조금 빠르게 진도를 나갔습니다. 5학년을 맞이하면서 한 학기 예습을 시작한 이유는 수학의 난도가 높아지는 시기이고 4학년 때의 경험으로 예습을 하고 나서 학교 수업에 들어가면 맛보기로 시작했던 수학의 개념이 조금 더 강화된다고 느꼈기 때문입니다.

방학 기간에는 이 교재와 인터넷 강의를 통해서 한 학기 예습을 했습니다. 방학 기간 동안 《만점왕 초등 수학》 문제집 한 권을 끝까지 푸는 방학 프로젝트를 벌였습니다. 수박 겉핥기식이라도 문제집 한 권을 처음부터 끝까지 풀이하는 것에 의미를 두었습니다. 그리고 개학 후 학교 수업에서 부족한 부분을 보완했습니다. 아이가 아리송했던 개념이 이제는 이해된다며 뿌듯해하는 모습을 볼 때마다 예습하기를 잘했다는 생각이 들었습니다. EBS 인터넷 강의를 활용해서 4학년 2학기 겨울방학에는 5학년 1학기 예습을 마쳤습니다. 초등 고학년부터는 EBS 인터넷 강의를 이용해서 중·고등 교육에도 적극적으로 활용할 계획입니다.

하루 한 장이라서 부담 없는 학습량이라 아이도 큰 거부감이 없습니다. 3학년 때부터 해오던 방식이라 당연히 하루 한 장이라고 생각하고 있고요. 혹시 주중에 하지 못한 것을 주말에 마무리하기 위해서라도 부담 없는 양으로 출발하는 편이 지속 가능한 습관으로 만들기 쉬웠습니다.

출판사별 수학 문제집 난이도 비교

출판사	기본/개념	응용서	심화서
디딤돌 교육	· 디딤돌 초등수학 원리 · 디딤돌 초등수학 기본	· 디딤돌 초등수학 응용 · 디딤돌 초등수학 문제 유형 · 디딤돌 초등수학 기본+응용 · 디딤돌 초등수학 기본+유형	· 디딤돌 최상위 수학S · 디딤돌 최상위 초등수학
EBS	· EBS 만점왕 초등 수학	· EBS 만점왕 초등 수학 플러스	· EBS 수학의 자신감
신사고	· 우공비 초등수학 · 개념쎈 초등	· 라이트쎈 초등 · 쎈 초등 수학	· 최상위 쎈 초등 수학
비상	· 교과서 개념 잡기 초등 수학 · 완자 초등 수학 · 개념+유형 라이트 초등 수학	· 교과서 유형 잡기 초등 수학 · 개념+유형 응용 파워 초등 수학	· 개념+유형 최상위 탑 초등 수학
천재 교육	· 개념꿀꺽 초등 수학 · 개념클릭 해법수학 · 개념 해결의 법칙 · 개념 수학리더 · 교과서 다품 초등 수학 · 기본 수학리더 · 우등생 해법수학 · 수학의 힘 실력	· 유형 해결의 법칙 · 수학의 힘 유형	· 응용 해결의 법칙 · 응용 수학리더 · 수학의 힘 최상위
동아 출판사	· 백점 초등 수학 · 큐브수학S 개념 START	· 큐브수학S 실력 STANDARD	· 큐브수학S심화 STRONG
시매쓰	· 개념이 쉬워지는 생각수학	· 유형이 편해지는 생각수학	
에듀왕	· 원리 왕수학 · 포인트 왕수학 기본편	· 포인트 왕수학 실력편	· 점프 왕수학

집 공부 스케줄
단계별 설정 방법

1단계: 초보 단계(미취학 아동)

아이들이 미취학 아동기에 실행했던 방법입니다. 이 시기 아이들은 무척 자유분방해서 하기 싫으면 안 하고, 하고 싶으면 지금 당장 해야 하는 고집불통이죠. 작고 사소한 행동 하나조차도 '내가 할 거야'라고 우기며 제 손으로 직접 해봐야 직성이 풀립니다. 즉 모든 것에 대한 주도권을 쥐고 싶어 하는 나이입니다. 그래서 저는 이 시기에는 학습 선택권을 아이에게 주었습니다.

예를 들어 지금 당장 접할 수 있는 과목을 국어, 수학, 영어, 교구로 재분류했습니다. 국어는 다시 한글 학습지, 읽기, 받아쓰기로 분류하고, 수학은 연산, 사고력(《사고력 팩토》, 《문제 해결의 길잡이》), 교과(교과 문제집)로 분류했습니다. 또한 교구는 가베, 플레이팩토 키즈, 과학으로 분류하고, 영어는 파닉스(《스마트 파닉스》), 흘려듣기, 집중 듣기로 분류했습니다. (192~193쪽 표 참고)

이렇게 분류한 다음 아이에게 직접 선택하도록 했습니다. 아이가 하고 싶은 과목을 선택한 이상, 엄마 주도 학습이 아니라 아이 주도 학습이 되는 거죠. 오늘은 연산 학습지가 하고 싶다고 하면 연산 학습지를 펼치고, 플레이팩토 키즈가 하고 싶다고 하면 플레이팩토 키즈를 합니다. 여기서 학습을 얼마나 했느냐는 중요하지 않습니다. 아이가 선택한 학습을 아이 주도하에 공부했다는 것이 중요하죠. 아이가 지나치게 한 과목에만 치중하면 자연스럽게 다른 과목을 하도록 이끌어줍니다. 단, 욕심을 내지 마세요. 하루 한 개씩이라도 아이 스스로 선택한 공부에 집중해보세요. 하루 10분, 15분이라는 시간이 작고 사소하게 보이지만 아이는 끈기 있게 여유 있는 속도로 탑을 쌓아가고 있습니다. 아이가 선택한 공부를 마무리했다는 성취감으로 스티커 놀이하듯 표에 스티커를 붙이도록 해보세요. 잘했다는 박수와 칭찬으로 기쁨을 함께 나눠보세요. 놀이처럼, 때론 장난처럼 쌓아가는 이 시간들이 귀중한 자산이 됩니다.

그리고 매달 말에는 스티커 1개당 50원씩 환산하여 아이가 갖고 싶은 장난감을 사게 하거나 간식을 사게 합니다. 공부도 하고, 보상도 받으니까 아이 입장에서는 긍정적인 선순환이 됩니다.

하루 15분, 한 달 동안 채우는 스티커판

과목	국어			수학		
세부	한글 학습지	읽기	받아쓰기	연산	사고력	교과
1						
2						
3						
4						
5						
6						
7						
8						
9						
10						
11						
12						
13						
14						
15						
16						
17						
18						
19						
20						
21						
22						
23						
24						
25						
26						
27						
28						
29						
30						
31						
합계						

과목	영어			교구			합계
세부	흘려듣기	집중 듣기	파닉스	플레이팩토	가베	과학	
1							
2							
3							
4							
5							
6							
7							
8							
9							
10							
11							
12							
13							
14							
15							
16							
17							
18							
19							
20							
21							
22							
23							
24							
25							
26							
27							
28							
29							
30							
31							
합계							

자, 이러는 사이 매일 10분 또는 15분 동안 꾸준히 공부하는 시스템이 갖춰집니다. 욕심부리지 않고 아이에게 그럴싸한 주도권을 손에 꼭 쥐어주면서 말이죠.

2단계: 중급 단계(초등학교 1~2학년)

어엿한 초등학생이 되었습니다. 유치원 생활이 같은 반 친구들과 같은 공간에서 학습이 이루어지는 형태였다면 초등학교 생활은 조금 다릅니다. 저는 학교 내 공간에서 이루어지는 방과 후 수업을 다양하게 접할 수 있도록 했습니다. 주 1회 혹은 주 2회로 수업 시수는 많지 않지만 저렴한 가격으로 차량 이동 없이 안전하게 다양한 체험을 할 수 있다는 것에 큰 매력을 느꼈습니다. 학습 위주의 수업보다 다양한 체험 위주의 수업이 많아 고르는 즐거움에 푹 빠지기도 했습니다. 특히 워킹맘인 저에게는 방과 후 수업은 돌봄 교실 시간을 대체할 수 있는 보육 위주로 안전한 체험 학습 시간이 되는 느낌이었습니다. 그런데 방과 후 수업이 과목별로 체험 교실이 달라서 1학년 새내기들은 종종 엉뚱한 교실에 가 있곤 한다고 했습니다. 하지만 저는 미리 주간 계획표를 만들어서 가방 속에 챙겨주었고, 큰아이는 방과 후 교실을 헤매지 않고 잘 찾아갔습니다. 이 계획표 덕분에 업무 시간에 "엄마, 로봇 수업은 어디서 해요?"라는

멋진 우리 아들의 자기주도 학습을 위한 주간 계획

언제		무엇을?	분량	월		화		수		목		금		토		일	
				몇분	몇일	몇분	몇일	몇분	몇일	몇분	몇일	몇분	몇일	몇분	몇일	몇분	몇일
아침		연산학습지	3장														
		문제해결의 길잡이	1장														
		영어 단어 외우기	1일 3단어														
		한자 단어 외우기	1일 3단어														
	월/목/금	영어(방과후3실)	2:00~2:50														
방과후	월	축구(운동장/미술실)	3:25~4:45														
	수	주산	2:00~2:50														
	금	바둑(방과후3실)	2:55~3:45														
	화/목	피아노	3:35~4:30														
		국어, 수학, 과학, 사회 복습															
	토/일	수업	09:50~11:00														
오후 및 저녁	토/일	받아쓰기	2장 풀기														
		독서	1시간 이상														
		일기	1주일에 세 번														
	월~금	그날 배운 과목 복습	훑어보기														
		영어 집중듣기	15분 이상														
		영어 흘려듣기	30분 이상														
점검																	

아이의 전화를 받을 일이 없었습니다.

3단계: 고급 단계(초등 3~4학년)

그동안 다양한 학습 계획표를 만들어봤는데, 지금은 이 양식이 가장 편해서 사용하고 있습니다. 일단은 학교 숙제는 담임 선생님과 반 친구들과의 약속이기 때문에 제일 첫 칸에 배치했습니다. 학교에서 돌아와서 가장 먼저 학교 숙제를 하고, 다음으로 집 공부를 하는 것이죠. 아이는 공부한 흔적을 되짚어보면서 간단하게 V 표시만 하면 되니까 편리합니다. 복잡하거나 번거로운 절차 없이 자기 스스로 한눈에 목표 달성 여부를 명확히 파악할 수 있습니다.

사실 처음부터 이렇게 시도한 것은 아닙니다. 처음에는 매일 아침 출근 전 노트에 아이가 오늘 해야 할 학습 분량을 적었는데 생각보다 번거롭더라고요. 시간도 시간이지만 효율적이지 못하다는 생각이 들었습니다. 그래서 아이도 저도 편한 방법을 택한 것이 다음의 계획표입니다. 생각과 고민거리 없이 주간별로 반복되는 시스템입니다. 편하고 단순한 방법이 지속 가능한 습관이 되더라고요.

이 학습 계획표는 여전히 수정 보완을 통한 진화를 거듭하고 있습니다. 그러니 제가 사용하는 양식을 참고해서 자신에게 딱 맞는 옷으로 수선하듯이 변형해서 사용하면 좋을 것 같습니다.

학습 계획표

요일 / 학습	일 / 월 일	월 / 월 일	화 / 월 일	수 / 월 일	목 / 월 일	금 / 월 일	토 / 월 일	주간평가
학교 숙제								
연산								
문해길								
수업 후 풀어보기								
교과서 복습(문제집 풀이)								
영어 지문듣기(15분)								
영어 단어 외우기								
한자 외우기								
학교 갈 준비하기								
일별 합계								

197

뇌를 깨우는
아침 10분의 틈새 학습 비법

아침이면 출근 준비를 위해 씻고 화장하고 옷 챙겨 입느라 분주한 시간을 보냅니다. 아이들도 학교와 유치원 갈 준비를 해야 합니다. 지각하지 않으려 애쓰느라 출근 전부터 하루치 에너지를 다 소진한 것 같습니다. 마음의 여유는 온데간데없습니다.

그나마 큰아이가 초등학교에 입학하면서부터 혼자 등교 준비를 할 수 있게 되었습니다. 엄마가 도와주지 않아도 알아서 옷을 입고 수업 준비물을 챙깁니다. 그리고는 등교 전에 연산 학습지를 풉니다. 워낙 아침잠이 많은 아이라 처음에는 힘들어했지만 하루 이틀 시간이 갈수록 식사 후 양치질을 하듯 등교 전 연산 학습지 풀이가 습관이 되었습니다. 쌓여온 습관 덕분에 매일 아침에 일어나 부시시한 얼굴에 까치집 머리를 하고 거실 책상에 앉습니다. 몸이 따르는 대로, 습관대로 움직이는 거죠.

잠을 자는 동안 우리의 오장육부는 쉬고 있습니다. 멈춰 선 자전거 바퀴와 다를 바 없죠. 그 자전거를 달리게 하려면 자전거에 앉아 두 다리의 힘으로 힘껏 바퀴를 돌려야 합니다. 멈춰 선 상태에서는 페달을 밟아도 순간적으로 저항하는 힘이 커져서 많은 힘이 필요합니다. 하지만 일단 움직이기 시작하면 그다음은 작은 힘으로도 속도가 빨라집니다.

아침에 일어나 그리 어렵지 않은 연산 학습지를 푸는 것은 뇌를 깨우는 준비 운동과 다름없습니다. 예열도 하지 않고 등교 후 바로 40분 수업에 집중하기란 쉽지 않습니다. 아직 뇌는 잠에서 덜 깨어난 상태라고 할 수 있죠. 컴퓨터 역시 전원을 켰을 때 부팅 시간이 필요하듯 우리의 뇌도 깨어나기까지 일정 시간이 필요합니다. 하지만 아침에 일어나 식사를 하고 가볍게 연산 학습지를 풀었으니 뇌는 이미 가속이 붙은 상태입니다. 공부 모드로 전환할 수 있는 준비 태세를 갖춘 것이죠.

처음에는 오늘 해야 할 공부를 하고 후에 집중적으로 하게 했더니 집중력이 약한 아이는 힘들어했습니다. 길고 지루한 싸움 같았죠. 그래서 연산만 등교 전에 하고 나머지 공부는 오후에 하는 게 어떻겠냐고 했더니 아이도 좋다고 했습니다. 그렇게 시작해서 지금까지 양치질 습관처럼 당연하게 유지하고 있습니다. 아이 입장에서도 해야 할 일을 안배했더니 훨씬 효율적이라고 깨달은 것이죠. 한 번에 많은 일을 하기보다는 조금씩 나눠서 함으로써 지루하지 않은 것은 물론 아침에 느낀 작은 성취감으로 인해 첫출발부터 자신감을 갖게 됩니다. 아이 역시 오늘 해야 할 일 하나를 등교 전에 마쳤다는 작은 성취감과 그로 인해 생긴 자신감을 안고 산뜻한 마음으로 현관문을 나섭니다.

틈새 학습에 적절한 수학 문제집을 추천한다면 다음과 같습니다.

《기탄 수학》

시중 방문 학습지 교재와 매우 흡사한 연산 학습지입니다. 단순 반복되는 연산 학습지여서 기계적으로 푼다는 단점이 있지만, 공부에서 '반복'을 거치지 않고서는 내재화되기란 어렵다고 생각합니다. 연산은 엉덩이 힘으로 키워야 하니까요. 시중 방문 학습지의 5분의 1도 안되는 저렴한 가격으로 같은 효과를 누릴 수 있는 게 가장 큰 장점입니다. 그림이나 다양한 색채 없이 오직 숫자로만 구성되어 있는 단순한 편집이라 아이들은 다소 지루해하기도 합니다. 하지만 그만큼 간결하게 오직 연산에만 집중한 단순 반복 학습지라고 볼 수 있습니다.

《소마셈》

연산에서 사고력을 가미한 사고력 연산 학습지입니다. 비교적 단조롭고 반복적인 《기탄 수학》과 병행해서 풀이하면 좋았습니다. 기탄 연산 학습지에서 '3 + 4 =' 문제를 만나면 곧장 '7'이라고는 쓰지만, 반대로 '3 + □ = 7'문제를 만나면 □ 안에 어떤 숫자가 들어가야 할지 모르는 경우가 있었습니다.

큰아이의 경우 기탄 연산 한 단계를 마무리하고 나서 다시 한 번 다지기 형식으로 이 교재를 활용했습니다. 문제를 바로 재빠르게 답을 유추하는 수 감각도 중요하지만, 기계적인 연산에서 약간의 사고력 연산도 중요합니다. 이 교재가 그 부분을 채워줍니다.

《쎈연산》

초등 고학년이 되면서 연산의 난도가 높아졌습니다. 별도로 교과 연산을 잡아주면 좋을 것 같아 시작한 교과서 연계된 연산 학습지입니다. 학년별 교과서 단원에 맞춰서 구성된 단원별 연산 학습서라서 구입 결정도 편리합니다. 무엇보다 시인성이 좋은 교재여서 구성이 비교적 깔끔하고 간결합니다. 교재에 수록된 무료 동영상을 보며 배운 개념을 바탕으로 혼자서 다양한 문제를 풀이하고, 이를 통해서 놓치는 유형 없이 촘촘하게 연산을 연습할 수 있습니다. 한 학기 예습용 연산 교재로도 손색이 없습니다.

《행운은 반드시 아침에 찾아온다》에서 마음의 여유는 성취감과 만족감으로부터 가장 큰 영향을 받는다고 했습니다. 어떤 일을 똑 부러지게 해낸 후에 느끼는 성취감과 거기에 따라오는 만족감은 자신감을 심어줍니다. 그 자신감에서 여유가 나오는 것이죠. 성취감과 만족감이 자신감을 불러오고 자신감은 여유를 불러옵니다. 이런 선순환에 올라타기 위해서는 우선 성취감을 얻기 위해 노력해야겠죠.

평소보다 조금 일찍 일어나 아침의 뇌를 깨우는 10분 틈새 학습으로 아이의 성취감을 키우는 건 어떨까요? 이런 작은 성취감이 등교를 위해 현관문을 나서는 아이의 표정과 발걸음을 더욱 당당하게 해줄 것입니다.

학교 엄마들에 대처하는
우리의 자세

유치원 이름이 박힌 가방이 아닌 책가방을 메고 학교로 향하는 아이의 모습을 보노라면 언제 이만큼 컸나 싶어 대견합니다. 하지만 뭉클함은 잠시, 이내 불안한 마음이 팽배해집니다. 과연 아이가 수업 시간 40분간 조용히 집중할 수 있을지, 수업은 잘 따라갈지, 아이들과는 잘 지낼지, 급식 시간에 젓가락질은 잘할지 등 수많은 걱정과 불안이 휘몰아칩니다. '아이가 초등학교 1학년이면 엄마도 초등학교 1학년'이라는 말이 우스갯소리처럼 들리지 않습니다.

아이를 학교에 보내면서 가장 기억에 남는 순간은 언제일까요? 많은 순간들이 있겠지만 저는 초등학교 엄마 모임이 기억에 남습니다. 첫 모임을 나설 때, 간편한 복장으로 가기엔 격식 없어 보이는 것 같고 너무 차려입고 가기엔 부담스럽지 않을까 하는 생각에 옷차림부터 많은 고민을 하게 됩니다. 그렇게 학부모가 되었다는 통과의례를 치르고 나서야 하나둘 얼굴을 익히고 인사를 나누는 엄마들 관계가 시작되죠.

학교 엄마들의 모임을 작고 사소한 친목 모임이라고 하기에는 이야기가 달라집니다. 유치원 때야 친구들 관계나 교육에 대한 관심이 높지 않았지만 초등학교는 보육을 넘어서 공교육이라는 첫 관문이 시작된 이상 작고 사소하게 보이지 않기 때문이죠.

초등학교 엄마들 사이에서 '엄마가 친구가 없으면 아이도 친구가 없다'라는 말이 있다고 합니다. 그 정도로 엄마들은 아이들의 관계를 만들어주기 위해 동분서주한다는 말이겠죠.

엄마들이 모임을 만들고자 하는 데는 이유가 있습니다. 첫 번째는 모임을 통해 우리 아이 친구들을 만들어주기 위해서이고, 두 번째는 공부에 대한 정보를 얻기 위해서입니다.

저는 엄마들 모임에 종종 참석하는 한 사람이었습니다. 그런데 친하게 지내는 엄마가 다른 아이나 다른 엄마를 험담하면 불편했습니다. 나는 뭐라고 대답을 해야 할지, 잘 알지도 못하는 아이나 엄마의 험담에 동조하고 공감해줘야 할지 난감하더라고요.

그래서일까요, 모임이 끝나고 집에 돌아오면 왠지 모를 불편한 기분이 들었습니다. 행여나 내 아이나 나도 저렇게 뒤에서 험담의 대상이 될지도 모르겠다는 걱정 때문이었을 겁니다. 그래서 더 잘 지내고 싶어 그녀가 만나자고 하면 만사를 제쳐두고 달려갔죠.

불가근불가원不可近不可遠이라는 말이 있습니다. 가까이하기도 어렵고 멀리하기도 어려운 관계라는 뜻인데, 저에게는 학교 엄마들과의 관계가 그랬습니다. 서로를 알아가는 동안 가까이하기엔 부담스럽고 그렇다고 멀리하기엔 소외당하는 것 같아 적당한 관계를 유지해야 하는데 그게 참으로 어려웠어요. 아이들을 중심으로 엮인 사회관계에서 이렇게 깊게 들어간 적 또한 처음이라 여러모로 서툴렀습니다.

정말 초등 저학년 때 엄마가 친구가 없으면 아이도 친구가 없을까요? 절대 그렇지 않습니다. 아이를 믿어보세요. 학교에서도 자신이 마음 맞는 친구들을 스스로 사귀고 친해지도록 지켜보는 것도 좋아요. 그리고 엄마가 억지로 붙여놓은 친구 관계는 오래가지 못합니다. 초등 고학년이 되면 엄마가 만들어준 친구가 아니라 자기 마음에 맞는 친구들과 인연을 맺고 더 오래 만납니다. 엄마가 친구가 없으면 아이도 친구가 없다는 말은 1, 2학년 때에나 해당하는 말입니다. 무엇보다도 학교라는 사회에서 자신의 영역을 만들어가는 건 아이이니, 그저 아이를 믿고 지켜봐주면 됩니다.

엄마인 내가 학교 엄마들을 잘 사귀지 못하면 내 아이도 친구 없이 외롭게 학교생활을 할까 하는 걱정을 할 필요가 없습니다. 엄마가 만들어준 친구 관계보다 아이 스스로 자신의 영역을 만들어가는 친구 관계가 오히려 더 깊고 오래갑니다.

학교 엄마들을 만나면서 가끔 상처를 주기도 하고 또 받기도 한다는 사실을 깨달을 때가 많습니다. 그럴 때를 대비해서 꼭 조심해야 할 세 가지가 있습니다.

첫째, 남의 아이나 엄마에 대해 함부로 평가하지 마세요.

다른 아이의 단점을 굳이 엄마들 사이에서 들추어낼 필요가 있을까요? 가끔 성인인 우리도 완벽하지 않다는 것을 잊고 아이들에 대한 평가로 돌이킬 수 없는 경솔한 실수를 범하곤 합니다. 다른 아이의 단점을 뒤에서 이야기한다는 것은 '우리 아이는 안 그런데'라는 마음이 밑바닥에 깔려 있는 것입니다.

하지만 부모라고 해서 내 아이의 모든 것을 알지는 못합니다. 내 아이 역시 실수할 때도 있고, 친구에게 상처를 주기도 합니다. 그리고 내 앞에서 다른 아이를 험담하는 사람은 곧 내 뒤에서 내 아이를 험담할 수 있다는 것을 기억해야 합니다.

완전한 인간은 없기에 타인에 대한 평가는 되도록 아껴야 합니다. 말을 아껴서 손해 보는 것보다 말을 함부로 해서 곤란한 일을 겪는 경우가 더 많습니다. 학교 엄마들 관계에서는 영원한 동지도 적도 없습니다. 타인에 대한 평가나 말은 되도록 아끼는 것이 내 아이의 학교생활을 위하는 지혜입니다.

둘째, 학교 엄마들은 아이들 관계에 따라 달라지는 관계일 뿐 진짜 친구가 아닙니다.

학교 엄마들은 대부분 한동네에 살다 보니 자주 마주치게 되고 아이들 역시 학교에서 매일 만나다 보니 쉽게 친해집니다. 그래서 시간이 흐르면서 엄마들 역시 진짜 친구처럼 느껴져 편하게 대하는데, 그렇게 하다 서운해하기도 하고 상처를 주고받기도 하고 오해를 사기도 합니다.

학교 엄마들 관계는 쉽게 생각하면 안 됩니다. 아이들의 관계로 시작된 인연이라 그동안 맺어온 친구 관계와는 엄연히 다릅니다. 조금은 적당한 거리에서 여유롭게 상대방을 바라볼 수 있는 관계를 유지하는 편이 훨씬 오래 관계를 유지할 수 있는 비결입니다.

셋째, 친절한 것도 좋지만 너무 끌려가지 마세요.

앞서 말했듯, 초등학교 1학년 학부모가 되면 아이의 학교생활에 대한 괜한 걱정이 많아지기 마련입니다. 엄마가 친구가 없으면 내 아이도 친구 없이 외로운 학교생활을 할까 싶어서 엄마가 먼저 나서서 모임이라면 빠지지 않고 참석하려고 합니다. 학교 일이 아닌 부탁에도 거절하지 못하고 우유부단하게 끌려가게 되면 어느새 엄마의 자존감과 여유는 온데간데없이 사라지고 없습니다. 그뿐인가요? 엄마들 모임에 끌려다니느라 정작 해야 할 일은 뒷전이기 마련이죠. 그러다 어느 날 문득 미뤄둔 집안일이 한가득인 채 혼자 남겨지면 시간만 허비했다는 공허함까지 밀려들죠.

무엇이든 삶의 중심을 세우고 남은 시간적 여유나 마음으로 엄마들 관계를 유지해나가는 것이 좋습니다. 사람에게서 상처를 받기도 하고 사람으로 상처를 잊기도 하지만, 어느 순간 지치면 엄마들에게서 한 발 물러나 혼자만의 시간을 갖는 것도 좋습니다. 그럼 되레 오해가 풀리기도 하는 등 관계가 한결 여유로워집니다.

인간관계에서 상처받고 힘들어하던 저에게 구세주가 되어준 알프레드 아들러의 《미움받을 용기》에서는 상처받지 않는 인간관계란 어디에도 없고, 행복해지려면 미움받을 용기가 필요하다고 했죠. 타인의 평가와 인정만 바라보고 살면 내 인생에서 나는 없어지게 된다는 아들러의 조언입니다. 모든 인간관계의 카드는 내가 쥐고 있다고 생각하면 끌려가지 않는 여유 있는 인간관계를 유지할 수 있지 않을까요? 학교 엄마들과 잘 지내려고 애쓰는 시간을 아껴 내 아이에게 더 많은 사랑과 관심을 쏟는 것이 더 현명한 초등 학부모의 모습입니다.

저절로 굴러가는
시스템 만들기

    얼마 전 친하게 지내는 학교 엄마들의 모임이 있었습니다. 근황부터 직장 이야기 등 그동안 하지 못했던 이야기를 풀어냈습니다. 그러면서 자연스럽게 아이들 교육으로 옮겨갔는데, 같은 동에 사는 엄마가 어떻게 하면 엽이처럼 꾸준히 공부시킬 수 있느냐고 묻더군요. 그래서 매일 공부를 하면 그에 따른 보상을 준다고 했습니다. 어릴 때는 칭찬 스티커 보상 제도로 스티커 하나당 50원으로 환산했고, 문제집 한 권을 끝낼 때마다 엄마표 상장과 함께 원하는 과자를 경품이라며 사주기도 했습니다.

    초등학생 큰아이는 친구들과 축구를 하는 것을 무척 좋아하는

데, 보상으로 받은 용돈으로 생수를 사 먹기도 하고 아파트 입구 편의점에서 친구들과 컵라면을 사 먹기도 합니다. 이제는 용돈이 필요한 시기가 된 것이죠.

저는 아이의 공부 습관을 기르기 위해서 금전적이든 물질적이든 별도의 보상을 해줍니다. 그러나 그녀는 공부에 금전적인 보상을 해주는 것을 부정적으로 보는 것 같았습니다. 벌써부터 돈의 맛을 알게 할 필요가 없다고 말이죠. 무엇보다 돈을 이용해 공부를 유혹하는 것 자체가 좋지 않은 거라며 부정적인 의견을 내비쳤습니다.

경제학자 나카무로 마키코 교수는 공부를 하면 얻을 수 있는 보상을 설정해두면 '미루지 않고 지금 공부하는 것'의 이익과 만족을 높일 수 있다고 합니다.

그가 쓴 《데이터가 뒤집은 공부의 진실》에서는 자기도 모르게 눈앞의 만족과 이익을 우선시한다는 것은 뒤집어 말하면 "눈앞에 상을 보여주며 공부하도록 유도하면, 당장 얻을 이익과 만족을 위해 공부를 우선시하게 된다."라는 뜻이 된다고 합니다. '눈앞의 당근' 작전은 아이들이 공부를 미루지 않고 지금 당장 하도록 만드는 전략 중 하나라고요.

비단 아이들만의 이야기가 아닙니다. 다이어트, 금주, 금연이라는 다짐이 지키기 힘든 이유는 무엇일까요? 먼 미래를 위해서는 물론 나 자신의 건강을 위해서 당연한 일이라고 생각하지만, 당장 눈앞의 먹고 싶은 유혹, 습관처럼 피워대는 담배의 유혹, 좋아하는 사람들과 술 한잔하고 싶은 유혹을 쉽게 뿌리치지 못해서입니다.

성인인 우리도 이런데 아이들은 오죽할까요? 특히 초등 저학년은 공부를 해야 하는 목적과 이유가 사실 명확히 없습니다. 다만 아이들 딴에는 착한 마음으로 부모님을 기쁘게 해드리기 위해서 혹은 부모님의 사랑을 받고 싶어서 공부를 할 뿐 명문대를 간다거나 내가 하고 싶은 일을 하기 위해서라는 먼 미래를 위한 목적이 생기기에는 아직 어렵습니다. 이때 금전 같은 외적인 인센티브는 적절한 전략이라고 생각합니다.

엄마의 잔소리 없이도 아이 스스로 움직일 수 있는 자가발전기가 된다면, 물질적인 보상은 결코 나쁘지 않습니다. 오히려 이러한 소소한 보상은 스스로 굴러가는 학습 시스템을 갖추는 데 매우 효과적입니다.

예를 들어《워킹맘 시테크 교육법》을 쓴 강신미 저자는 아이들이 몇 등 안에 들면 정해진 금액 한도 내에서 원하는 것을 사주는 성과급 제도를 이용했습니다. 《하루 2장 수학의 힘》을 쓴 진미숙 저자도 정해진 공부를 마치면 500원을 주거나 문제집 한 권을 다 풀면 5,000원을 주었다고 합니다. 사교육 없이 아이들을 명문대에 입학시킨 최연숙 저자가 쓴《10살 전 꿀맛교육》에서도 퇴근 후 공부를 다 하고 나면 스티커 보상 제도를 도입해서 저절로 돌아갈 수 있는 공부 시스템을 만들었다고 합니다.

아이가 크면서 보상 제도 역시 그에 맞춰 진화해야 합니다. 유치원생인 작은아이는 동네 문방구에서 일정 금액(5,000원 혹은 7,000원) 이하의 자유 이용권을 허락합니다. 큰아이는 초등학교 입학 이후로는 그날 해야 할 공부를 모두 하면 500원을 보상하고, 주간 계획표대로 실행하면 칭찬 스티커를 줍니다. 500원의 보상은 공부 습관을 유지하기 위해서이고, 칭찬 스티커는 주간 계획표를 작성하는 습관을 기르기 위해서입니다.

단, 용돈 기입장에 입출금을 꼭 쓰도록 하고 있습니다. 아이가 어디에 돈을 얼마만큼 썼는지를 기록하게끔 하는 것이죠. 이렇게 용돈 기입장을 기록하는 습관을 들이는 것은 돈을 썼다고 혼을 내거나 저축을 권장하기 위해서가 아니라 훗날 성인이 되어서도 도움이 될 것 같아 쓰게 하고 있습니다.

그렇다고 아이들에게 용돈뿐만 아니라 장난감이든 책이든 쉽게 사주는 건 적절하지 않습니다. 간혹 아이들과 함께 마트를 가면 보드게임이나 장난감을 사고 싶다고 하거나, 서점에 가면 책을 사달라고 합니다. 그럼 저는 딱 잘라 "네 용돈 모아서 네가 사."라고 대답합니다. 사달라고 투정을 부리는 아이와 실랑이를 벌일 필요가 없습니다. 아이들은 사고 싶은 장난감을 물끄러미 바라보며 용돈을 모아서 꼭 사야겠다는 목표 의식을 갖게 됩니다. 원하는 것을 거저 얻을 수 없다는 것을 일찍부터 깨치는 것이죠. 칭찬 스티커 제도를 도입하면서 일하는 엄마라는 미안함을 물질적인 보상으로 채우는 일은 사라졌습니다.

이처럼 아이가 스스로 움직일 수 있도록 그에 맞는 동기 부여 시스템을 갖추는 것이 필요하다고 생각합니다. 처음부터 스스로 할 수 있는 아이는 많지 않습니다. 아무것도 모르는 아이에게 알아서 하길 기대하는 것은 부모의 욕심이 아닐까 생각됩니다. 알아서 할 수 있도록 방법을 알려주고 어떻게든 습관을 기를 수 있도록 시스템을 갖춰야 쉽게 포기하지 않고 저절로 굴러갈 수 있는 환경을 만들 수 있습니다. 아이들을 저절로 움직이게 만드는 당근 전략으로 유혹해보면 어떨까요?

어릴 때부터 배우는
엉덩이의 힘

자유분방한 생활을 누리던 아이가 초등학교에 입학하면서 갑작스러운 환경 변화에 어려움을 겪는 경우가 많습니다. 유치원과 달리 초등학교에서는 40분 동안 엉덩이를 의자에 붙이고 앉아 있어야 합니다. 유치원에서는 수업 시간에 의자에서 일어나 교실을 돌아다녀도 어느 정도 허용이 되지만, 초등학교 때는 이야기가 달라집니다. 친구들의 집중을 방해할 수 있기에 선생님이 제재를 하게 되죠. 잠시라도 가만히 있지 못하는 아이라면 더더욱 걱정이 커질 수밖에 없습니다.

이렇듯 낯선 초등학교 생활은 아이들에게 스트레스로 다가옵니다. 특히 수업 시간 40분을 앉아 있어야 하는 것은 힘든 일이죠. 따라서 미리 의자에 앉는 습관을 들여서 엉덩이의 힘을 길러주어야 합니다.

큰아이가 어릴 때부터 거실에 책상과 의자가 항상 준비되어 있었습니다. 그림을 그리거나 독서를 하고 싶을 때면 언제든 거실에 있는 책상에서 마음껏 자신만의 세계를 누렸죠. 하지만 다섯 살 터울의 동생은 사정이 달랐습니다. 높낮이와 너비 조절이 가능하고 바퀴가 달린 의자를 들였는데, 책상과 의자를 처음 접한 작은아이는 의자를 바퀴가 달린 장난감이라고 생각하고 발판에 엉덩이를 깔고 집 곳곳을 누비고 다녔습니다.

큰아이는 제 의도대로 움직여주었지만, 작은아이의 행동은 예상 밖이었습니다. 한 뱃속에서 태어났지만 성격과 성향이 너무나도 다릅니다. 그래서 방법이 필요했습니다.

사회적 기업 공신닷컴의 대표이자 청소년들의 멘토로 활약하고 있는 공부의 신 강성태 대표는 어린 시절 의자에 오랫동안 앉아 있지 못하는 산만하고 집중력이 없는 아이였다고 합니다. 어머니 김미숙 여사는 이런 그에게 동네 할아버지가 가르치는 서당에 보내 서예와 천자문을 배우게 했습니다. 집에서는 장기와 퍼즐을 즐기게 해서 집중력을 심어주었고요. 어머니의 노력 덕분에 그는 조금씩 집중력을 키웠고, 성적도 오르기 시작했습니다. 천자문을 통해서 언어영역을, 장기와 퍼즐에서는 수리영역을 배웠다고 말하는 강성태 대표. 그는 어머니가 심어준 집중력 덕에 수능 400점 만점

중 396점을 받아 명문대에 입학할 수 있었다고 합니다.

강성태 대표의 예에서 보듯, 집중하게 하려면 일단 아이가 의자에 앉는 시간을 늘릴 수 있도록 환경부터 갖추는 게 좋겠죠? 아이 전용 책상과 의자가 있어야 한다는 의견에 적극적으로 공감합니다. 아이 전용의 책상이나 의자가 없다면, 주방 식탁도 좋은 교육 환경이 됩니다. 그리고 되도록 의자에 앉아서 활동하는 시간을 만들어 주는 게 중요합니다. 10분, 15분, 시간이 더해질수록 아이가 집중하는 시간도 점차 늘어날 것입니다. 여기에 "아이고, 기특해라!" "예뻐라!" 등등 부모님의 적극적인 칭찬도 큰 힘이 된다고 생각합니다. 그리고 집중력을 높이기 위한 훈련으로 소근육을 길러주는 활동이 좋습니다. 책상에서 활동하기 좋은 아이템을 소개합니다.

집중력을 높이는 놀이

- 컬러 비즈
- 종이접기
- 미로 찾기
- 다른 그림 찾기
- 색칠 공부
- 레고 및 블록(로콘 블록, 옥스퍼드 블록, 레고 블록)
- 퍼즐

가족이 함께 보드게임을 하는 것도 아이의 엉덩이 힘을 기르는 데 도움이 됩니다. 저는 주기적으로 새로운 보드게임을 구입합니다. 아이들이 칭찬 스티커를 모으면 그 보상으로 보드게임을 직접 사보게도 하고요. 무엇보다 가족 간의 유대감 형성은 물론 정서적 교감 쌓기에도 보드게임은 일등 공신이죠.

가족끼리 함께 하는 보드게임의 효과는 무척이나 많습니다. 상상력과 창의력이 발달하고 정서 지능을 강화하여 주의 집중력을 높입니다. 또한 사고력을 높이고 문제 해결 능력도 길러주죠.

저희 집의 경우, 둘째가 규칙이나 순서 따위는 아랑곳하지 않고 자기 위주로 행동했습니다. 하지만 이제는 당연히 차례를 기다릴 줄 알게 되었습니다. 그러면서 자연스럽게 한곳에 진득하게 앉아 있는 엉덩이의 힘도 기르고 있는 셈이죠. 또한 승패에 연연해 울음을 터뜨리던 아이가 지금은 결과에 승복하는 법을 배우고 있습니다.

부모가 아이와 함께 딱 세 번만 게임을 해보세요. 저녁 식사 후 아이들이 원하는 보드게임을 선택한 후 가족들이 모여 앉습니다. 식탁이든 책상이든 의자를 놓을 수 있는 곳이면 어디든 좋습니다. 이런 과정을 통해 가족 간의 사랑이 깊어지는 것은 물론, 우리 아이들의 엉덩이의 힘도 자연스럽게 단련할 수 있을 것입니다.

미취학 아동에게 추천하는 보드게임

- 우노
- 코너드
- 젠가
- 도블
- 할리갈리
- 할리갈리 컵스
- 해적통 아저씨
- 도미노

초등 저학년 아동에게 추천하는 보드게임

- 루미큐브
- 셈셈 피자가게
- 러시아워
- 부루마블
- 로보77
- 의자 쌓기

가끔은
'숙제 면제권'을 주세요

사교육의 도움 없이 엄마가 직접 아이를 가르쳤다고 하면 주위에서는 대단하다는 눈빛으로 바라봅니다. 그리고 전제 조건이 있어서 가능하다고 생각하더군요. 첫 번째는 엄마의 교수 실력이 우수하다는 것, 두 번째는 엄마가 무척 부지런하다는 것. 하지만 저는 대단하다는 눈빛으로 바라볼 만큼 교수 실력이 월등하지도 않을뿐더러 부지런함과는 아주 거리가 멉니다. 제가 부지런하다고 말하는 사람이 있다면 아마 남편은 박장대소할지도 모릅니다. 의욕만 앞서고 끈기가 약해 용두사미로 끝나는 경우가 많거든요. 저에게는 새벽 기상, 다이어트, 금주 다짐 등 어느 것 하나 쉬운 게 없습니다.

대신 제 삶에는 작심삼일이라는 사자성어가 고스란히 녹아 있습니다. 끈기가 약하면 어떤가요. 의지가 부족하면 어떤가요. 열심히 달려왔으면 쉬기도 해야죠. 어떻게 매일 달리기만 하겠어요? 심지어 기계도 쉴 없이 굴러가다 보면 빨리 고장 나기 마련인데, 사람이 기계가 아닌 이상 적당한 휴식은 재충전의 시간이 됩니다. 매번 습관이나 다짐이 작심삼일로 끝난다는 패배 의식보다는, 사흘 열심히 달렸으니 오늘 하루는 쉰다는 마음 편한 자세가 오히려 도움이 됩니다. 자신과의 약속을 지키지 못했다는 부정적인 감정에 지배당하는 것보다는 하루 정도는 쉬어가는 느슨한 마음이 내일 다시 새롭게 시작할 수 있는 긍정적인 힘이 되어줍니다.

저희 집에는 숙제 면제권 제도가 있습니다. 큰아이의 초등학교 4학년 때 담임 선생님이 숙제를 열심히 한 아이들에게 주는 '숙제 면제권'을 벤치마킹해보았습니다. 숙제를 빠뜨리지 않고 열심히 한 아이들에게 주어지는 숙제 면제권 혜택이 생각보다 아이들에게 강한 동기 부여가 되는 모습을 보고 이거다 싶었죠. 이후 아이는 제가 따로 챙기지 않아도 스스로 숙제를 하고, 깜빡한 날이면 밤늦게라도 숙제를 하고 잠이 들었습니다. 그래서 저희 집에는 5일 동안 꾸준히 숙제를 하면 1일 숙제 면제권 혜택을 누릴 기회가 주어집니다.

어른인 저도 매일 출근해서 일을 한다는 것이 즐거운 것만은 아닙니다. 컨디션에 따라서 혹은 기분에 따라서 출근하기 싫고 업무가 버겁게 느껴지는 날도 있으니까요. 아이는 저보다 더하겠죠. 그래서 그럴 때는 아껴두었던 숙제 면제권을 언제든지 사용할 수 있도록 했습니다. 그동안 열심히 공부했으니 정당한 휴식을 보장받는 거죠. 직장인으로 본다면 근로기준법에서 보장받는 연차나 월차 개념과 동일합니다.

아이는 숙제 면제권 혜택 덕에 그날 하루만큼은 숙제에 대한 부담이나 의무감은 머릿속에서 지우고 친구들과 실컷 축구를 하거나 신나게 자전거를 탑니다. 꿀맛 같은 휴식이라고 할까요. 이런 달콤함 덕분에 또다시 스스로 공부할 힘이 생기는 거죠. 대신 학교 숙제는 꼭 해야 한다는 원칙은 세워두었습니다.

인생을 긴 여정이라고 한다면 빨리 달리기만 하면 쉽게 지칩니다. 삶의 여유가 없어집니다. 천천히 걸어가면 만개한 꽃이 보이고 경치도 보이고 자연의 경이로움에 감탄할 여유가 생깁니다. 급할 것 없습니다. 자동차를 타고 빠르게 달리는 고속도로보다 자연경관을 느끼며 천천히 걷는 오솔길이 더욱 매력 있고 행복합니다.

문제집 속에서 꽃피는
둘만의 비밀 암호

TV에서처럼 아이가 공부할 때 엄마가 맛있는 간식을 챙겨주며 곁을 지켜준다면 더할 나위 없이 좋을 것입니다. 아이가 문제 풀이하는 과정을 지켜보면서 알면서도 틀리는지, 생각을 전환하지 못해서 풀지 못하는지, 혹은 단순 실수인지를 알 수 있으니까요. 생각의 전환을 하지 못해서 머리를 싸매고 있는 경우라면 약간의 힌트를 주어 문제를 풀이하도록 이끌어줄 수 있습니다. 하지만 자기주도 학습 습관을 익히게 하려면 부모의 도움 없이도 아이 스스로 학습할 수 있도록 하는 게 중요합니다.

큰아이는 하교 후 마음 맞는 친구들과 삼삼오오 축구를 하거나 거실 책상에 앉아서 공부를 합니다. 그리고 공부를 할 때 나름 순서를 정해두고 있습니다. 가장 먼저 학교 숙제를 하고, 다음으로 엄마와 매일 하기로 한 문제집을 하루 한 장씩 푸는 것이죠.

문제를 풀 때도 규칙이 있습니다. 모르는 문제나 틀린 문제는 제가 퇴근 후 채점이 이루어져야만 확인이 가능한데, 그전에 아이는 문제를 대할 때 그 문제를 아는지 혹은 모르는지를 기호로 표시합니다. 아이와 둘만의 암호를 만들어놓은 것이죠.

아이는 모르는 문제는 ☆ 표시, 처음에는 이해하기가 어려웠지만 풀이한 문제와 정답에 확신이 없는 문제는 △ 표시를 합니다. 그럼 제가 퇴근 후 문제집을 보면서 아이가 풀지 않은 문제는 실수로 빠뜨렸는지, 아니면 어려워서 풀지 못했는지를 한눈에 확인할 수 있습니다. △ 표시 역시 아이가 확신하지 못한 문제라는 것을 알 수 있죠.

우리 아이가 어떤 문제 유형을 모르는지, 어떤 부분을 완전히 이해하지 못했는지 문제집 속에서 아이의 마음을 읽을 수 있도록 이렇게 암호화를 하는 것이 좋습니다. 비록 아이가 공부할 때 곁을 지켜주지 못하더라도 문제집 속에서 문제를 대하는 아이의 감정이나 생각을 읽어줄 수 있으니 편리합니다. 저 역시 채점을 할 때 암호로 표시를 합니다. 아이가 문제를 한 번 틀리면 /, 다시 틀리면 / /, 그리고 또다시 틀리면 / / / 표시를 합니다. 이렇게 틀리는 과정이나 횟수를 기록할 수 있습니다.

문제 풀이 과정을 암호로 기록하는 방법은 나중에 복습을 하는

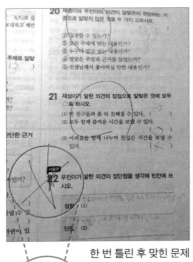

한 번 틀린 후 맞힌 문제　　　　　　두 번 틀린 후 맞힌 문제

데도 많은 도움이 됩니다. 네 번 틀린 문제는 네 번 틀리는 과정도 문제집 속에 고스란히 남아 있습니다. 학기말이나 문제집 한 권을 다 끝내고 다시 풀이할 때 좋은 참고 자료가 됩니다.

　저는 모든 문제집을 위와 같은 방식으로 채점을 합니다. 문제집에 아이가 틀리는 과정을 고스란히 기록함으로써 아이가 부족한 단원이나 유형 등을 파악하기 쉽습니다. 특히 확신이 없었던 △ 표시 문제가 맞는 답이었을 때, 아이 표정은 밝아집니다. 이제 아이는 긍정적인 태도로 문제를 풀기 시작할 것입니다.

문제 풀이를 할 때 부모와 아이 둘만의 비밀 암호를 만들어보는 것은 어떨까요? 둘만이 아는 비밀 암호로 신비로움도 추구하고, 암호가 표시된 문제는 서로 머리를 맞대고 고민도 해보고요. 아이와 부모에게 맞는 최적의 방법을 조금씩 변형해봄으로써 새로운 방식에 신선함도 느끼고 일대일 코칭의 매력에도 푹 빠질 수 있습니다.

화이트보드에 기록하는
Today 학습 날짜

스물여섯에 엄마가 되면서 물어볼 곳도 기댈 곳도 없었던 제가 의지할 곳이라고는 책뿐이었습니다. 처음 경험하는 엄마 노릇은 너무나도 고독하고 힘겨웠습니다. 아이가 자지러지게 울면 왜 우는지 알 길이 없어 발을 동동거리다 육아서를 펼쳤습니다. 그러다가 엄마가 쓴 육아서가 아닌 아빠의 경험담이 묻어나는 육아서를 발견했습니다. 두 아들을 키우는 아빠 이상화가 아픈 아내를 대신해 아빠표 교육으로 일궈낸 진솔한 육아서인 《하루 나이 독서》입니다. 저자는 아픈 아내의 부탁으로 육아서를 읽기 시작하여 1,200여 권에 달하는 육아서를 탐독하고 사교육 없이 아빠의 가르침만으로 두 아이 모두 명문 학교에 보냈습니다.

이 책에서 가장 기억에 남는 내용은 매일 아침 화이트보드에 영어 날짜를 쓰는 습관이었습니다. 이를 보고 저도 거실 벽면에 걸린 화이트보드에 매일 영어 날짜를 기록하기 시작했습니다. 미국식 영어 날짜 표기는 월-일-년 순이기 때문에 이 형식대로 씁니다. 예를 들어 "오늘은 2020년 2월 14일 금요일입니다."를 영어로 쓰면 다음과 같습니다.

Today is Friday February, fourteenth 2020

처음 시작할 때 아이는 기수와 서수를 혼동하곤 했습니다. 예를 들어 '21일'을 '트웬티 원'이라고 읽으면서 'twenty-one'이라고 썼습니다. 그래서 제대로 알려주었더니 'twenty-first'라고 쓰기 시작했습니다. 이렇게 매일 쓰다 보니 아이가 잘못 알고 있는 날짜 개념을 바로잡고 헷갈리던 요일 영어 표기도 확실히 알게 되었습니다. 하루 1분도 채 되지 않는 시간이 좋은 습관으로 굳어지게 된 것이죠. 복잡하고 번거로운 반복이 아니라, 쉽고 단순한 반복이라 어렵지도 않았습니다.

그런데 처음에는 이런 작은 습관도 유지하는 게 쉽지 않았습니다. 저는 출근 준비로, 아이는 등교 준비로 정신없이 바쁘다 보니 깜빡 잊는 경우가 더 많았습니다. 그래서 아침에 일어나자마자 잊지 않고 거실 벽면 화이트보드에 '엽아, Today is??'라는 질문을 적어두었습니다. 그럼 아이도 그 글을 보고는 그날그날의 날짜를 영어로 기록했습니다. 1분 미션 완료!

육아서에서 배운 작은 실천 하나가 아이에게도 부모에게도 좋은 습관으로 자리 잡아가고 있습니다. 저도 간혹 업무를 하다 보면 영어 날짜 쓰기가 헷갈릴 때가 있는데, 아이와 함께 쓰고 배우면서 같이 자라는 기분이 듭니다.

매일 아침 눈 뜨면 영어 날짜 쓰기라는 작은 습관 하나가 또 다른 성취감으로 이어지고 있습니다. 하루 1분이라는 짧은 시간으로도 충분합니다.

아이가 선생님이 될 때
공부 효과는 배가 됩니다

학습이란 배울 학學과 익힐 습習이 합쳐진 것으로, 배우고 스스로 익혀야만 비로소 내 것이 됩니다. 하지만 우리는 학교 수업도 배울 학學, 학원 수업도 배울 학學이라 먹고 체할 정도로 오로지 배우기만 합니다. 쉴 틈 없이 인풋만을 하는 것이죠. 학교 수업은 물론 학원 수업도 인터넷 강의도 배울 학學입니다. 우리는 이렇듯 배움의 시간으로 넘쳐나는 시대에 살고 있습니다. 학원으로 도는 사이 자꾸 머릿속에 집어넣는 학學의 시간만 길어집니다. 결국은 스스로 터득할 수 있는 시간, 즉 혼자 공부하는 시간인 익힐 습習의 시간은 없는 셈입니다. 인풋의 세월만 보내는 게 아닌 익힐 습習의 시간, 즉 아웃풋의 시간은 어떻게 만들 수 있을까요?

　EBS 프로그램 〈왜 우리는 대학에 가는가〉에서 미국의 행동과학 연구소NTL에서 발표한 학습 효율성 피라미드를 접했습니다. 학습의 원뿔 혹은 경험의 원뿔이라고도 합니다. 이 학습 피라미드는 아주 중요한 사실을 우리에게 깨우쳐줍니다. 공부 방법과 24시간 후의 기억과의 상관관계를 살펴본 결과, 학교나 학원에서 교사가 강의로 설명하는 교육은 5%, 학생들이 스스로 읽으면서 하는 공부는 10%, 시청각 교육은 20%, 시범이나 현장 견학은 30%, 그룹 토론은 50%, 직접 해보기나 체험은 75%, 친구 가르치기는 무려 90%의 효율을 갖고 있었습니다.

　이와 관련하여, 최근 교육계에서 주목받고 있는 '거꾸로 학습법flipped learning'을 말씀드리려 합니다. 거꾸로 학습법은 미국의 한 고

학습 효율성 피라미드

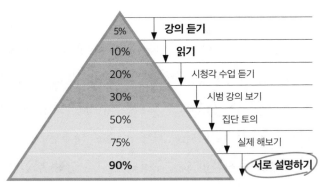

출처: 미국 행동과학연구소National Training Laboratories

등학교 교사였던 존 버그만의 작은 실험에서 시작되었습니다.

그가 고안한 거꾸로 학습법은 수업 전에 교사가 동영상으로 공부할 내용을 녹화해 제공하면 학생들이 동영상을 통해 기본 지식을 습득하고 교실에서는 토론이나 심화 학습을 하는 방식입니다. 수동적인 교육 방식이 아니라 아이들의 적극적인 참여를 유도하는 능동적인 수업 방식 시스템으로, 국내에서는 2012년 카이스트와 울산과학기술대를 중심으로 도입해 현재 250여 개 학교에서 이를 도입한 수업을 하고 있습니다.

거꾸로 교실 수업은 주입식 교육과 달리 수업의 몰입도를 높이고 배운 내용을 머릿속에 다시 한번 각인시키는 효과를 냅니다. 특히 '메타인지(자신이 아는 것과 모르는 것을 자각하는 것)' 능력을 키우는 데 긍정적인 영향을 미칩니다.

저는 아이가 틀렸거나 모르는 문제를 이해했는지 점검하는 방법으로 이 거꾸로 학습법을 적용하고 있습니다. 내가 배운 것學에 대해 익히는習 기회를 가질 수 있고, 인풋에 대한 아웃풋의 효과를 누릴 수 있으니까요.

그리고 집 공부를 할 때 아이가 모르는 문제를 물어보면 잘 모르겠으면 모르겠다고 솔직하게 말합니다. 그렇게 제 역량 밖의 문제를 물어볼 때 처음에는 사교육의 힘을 빌려볼까도 했지만, 제 교수 실력이 부족할수록 오히려 아이 스스로 문제 해결 능력을 기를 수 있었습니다. 어려운 문제에 대한 학습 동기가 높아졌습니다. 오히려 제가 모르는 문제를 풀게 되면 꼭 알려달라고 부탁했습니다. 그러면 아이는 어깨를 으쓱해하고는 어려운 문제에 도전해보려고 노력하더라고요. 그리고 문제를 풀면 마치 선생님처럼 저에게 풀이 과정을 설명해줍니다. 어른인 엄마도 풀지 못하는 문제를 자신이 풀었다는 사실에 뿌듯해하죠.

아이가 틀린 문제를 다시 풀었다고 하면, 엄마는 아직도 이해가 안 된다며 다시 한 번 가르쳐달라고 합니다. 그러면 아이는 어른인 엄마가 아직도 풀지 못했다는 사실에 내심 우쭐해하며 설명을 합니다. 의기양양한 태도로 문제 풀이를 설명하다 보면 중간 과정이 어설프게 생략되거나, 앞뒤가 맞지 않는 추론 과정을 설명하면 제대로 이해하지 못한 부분이 보입니다. 이때 "아, 맞다! 여기서 틀렸네!" 하며 문제 풀이 과정의 실수를 스스로 발견합니다. 반대로 아이가 정확한 답을 추론해낼 때는 이미 아이의 어깨는 으쓱하고 솟아오릅니다. 실제로 제가 풀지 못하는 문제에 대해 아이의 명쾌한 설명으로 이해가 될 때는 아이의 사고력에 감탄을 감추지 못합니다. 내 자식이니 어찌 기특하지 않겠어요. 여기서 집 공부의 매력을 실감하기도 합니다.

저는 제 실력이나 역량 부족을 보완하기 위해 사교육에 의지하지 않습니다. 이처럼 저의 부족한 교수 실력이 오히려 장점이 되기도 합니다.

아이가 아직 어리다면 옆자리에 인형을 앉혀두고 마치 아이가 선생님이 되어서 설명하듯 하는 선생님 놀이도 하나의 방법입니다. 어릴 때 자주 했던 역할 놀이를 하듯 말이죠.

가르치는 것은 두 번 배우는 것이라는 격언처럼 내가 배운 지식을 가르치려면 일단 먼저 배웁니다. 내가 알아야 가르칠 수 있으니까요. 그리고 자신이 아는 내용을 다시 나만의 방식으로 표현합니다. 이 과정에서 배우고 익히는 학습이 이루어지고, 인풋과 아웃풋이 동시에 이루어집니다.

아이 습관보다는
엄마 습관이 먼저입니다

EBS 프로그램 〈나는 대한민국 고3입니다〉에서는 다양한 학부모 유형을 만날 수 있었습니다. 다른 친구들의 만점 성적에 비교하며 아이의 마음에 상처를 주는 부모, 아들의 모의고사 성적에 실망감을 감추지 못하고 아이를 비난하는 엄마까지. 하지만 '넌 잘 커왔다'라는 응원으로 딸을 지지하는 암 투병 중인 아버지 같은 훌륭한 부모도 볼 수 있었죠. 제삼자의 입장에서 보면 지금 이 순간 가장 힘든 시간을 보내고 있는 사람은 부모가 아닌 고3인 아이 자신인데 그런 아이의 마음을 헤아려주는 부모의 모습은 찾기 힘들었습니다. 공부에 대한 스트레스와 시험에 대한 압박으로 힘들어하고 괴로워하는 고3 수험생의 모습과

대학 입시를 앞둔 학부모의 긴장감과 예민함이 집 안을 가득 채우고 있었습니다. 이를 보며, 과연 나는 어떤 부모인지 돌아보게 됩니다.

아이의 공부를 직접 챙기다 보면 가장 힘든 순간이 바로 제 욕심과 마주할 때입니다. 숙제로 내준 문제집은 성의껏 꼼꼼히 풀었으면 좋겠고, 학교 숙제도 야무지게 했으면 좋겠고, 성적 역시 100점을 받았으면 하는 욕심이 자꾸만 생깁니다. 누구의 아이도 아닌 내 아이니까요.

저는 큰아이가 초등학교 2학년 때 재취업에 성공했습니다. 전공과 다른 업무를 하다가 복귀한 터라 하루빨리 잃어버린 업무 감각을 되찾기 위해 고군분투했습니다. 9 to 6가 아니라 9 to 10이 되었죠. 실수를 하지 않기 위해 온종일 긴장한 채 일을 했고, 또 제 스타일대로 업무 자료를 정리하느라 퇴근할 때쯤은 녹초가 되었습니다. 제 상황이 이러다 보니, 아이가 2학년으로 올라가자 스스로 알아서 해주기를 바라는 마음이 커졌습니다.

하지만 퇴근 후 아이의 학습 체크는 여전히 제 몫이었고, 아이의 숙제를 채점하다 틀린 문제를 보면 화부터 났습니다. 급기야 문제집을 집어던진 적도 있었습니다. "이따위로 할 거면 다 때려치워라!"라는 말까지 나왔죠. 엄마의 조언이나 충고를 귓등으로 흘려듣는 행동에 어른의 말을 무시하는 거냐고 혼내기도 했습니다. 돌이켜보면 저는 아이가 무조건 100점을 받기를 바랐던 것 같습니다.

내가 퇴근 후에도 이렇게 네 공부를 봐주는데 이것조차 제대로 못 하느냐는 원망이 마음 밑바닥에 깔려 있었습니다.

아이가 엄마와의 약속을 지키려 열심히 문제집을 푼 것은 당시에는 보이지 않았습니다. 그저 100점이라는 결과만을 바랐습니다. 제 마음에 여유가 없으니 아이의 마음을 볼 여백이 없었던 것이죠. 집 공부를 하면 할수록 오히려 아이가 더 원망스럽고 실망스러웠습니다. 믿음이 아니라 기대와 욕심만 커졌습니다.

이런 저의 행동은 오히려 아이가 공부에 대해 점점 부정적으로 느끼게끔 했습니다. 이것도 제대로 못 하느냐고, 또 틀리느냐고, 엄마표 학습 때문에 모자간의 관계는 더욱 나빠졌습니다. 그러다 3학년 학기 초, 담임 선생님과의 상담을 계기로 바뀌었습니다.

선생님은 큰아이가 집에서 어떤 성향이냐고 물었습니다. 저는 조용하고 순한 아이라고 했습니다. 그러자 선생님은 놀라시더군요. 혹시 부모님이 권위적인 성향인지 물었습니다. 큰아이가 선생님에게 삐딱하게 반항을 하기도 하고 애정 결핍인 것 같다고요.

처음에는 당장 집에 가면 아이를 혼내야겠다고 생각했습니다. 하지만 선생님과 상담을 할수록 제 마음은 변했습니다. 선생님도 저와 같이 두 아이를 키우는 워킹맘이라 제 마음을 이해하고 아이의 마음도 헤아려주었습니다. 그러면서 지난 시간이 주마등처럼 스쳐 지나갔습니다. 그동안 큰아이가 얼마나 외롭고 힘들었을지 미안함에 눈물을 흘렸습니다. 그제야 제 잘못이 보였던 거죠. 바쁜 업무에 치이고, 뭐든 알아서 척척 해내길 바라는 욕심에 아이를 다그치고 몰아세운 일들이 떠올랐습니다. 후회가 물밀듯 밀려왔습니다.

아이에게 그동안의 일에 대해 진심 어린 사과를 했습니다. 그리고 아이와의 관계 회복에 나섰습니다. 성적이나 결과를 떠나서 매일 약속한 분량을 끝내면 성실함이 최고라며 칭찬을 해주었습니다. 제법 난도가 높은 문제를 풀어내면 감탄의 목소리로 "이 문제 어려웠을 텐데 어떻게 풀었냐!"며 열렬한 박수도 보내주고요. 반면에 단순한 실수로 틀린 문제는 과거처럼 혼을 내기보다 정말 아깝게 틀렸다며 아쉬워하고요. 그러자 아이가 바뀌더군요. 어려운 문제를 접하면 할 수 있을 것 같다며, 다시 해보고 싶다며 스스로 시작하는 도전과 끈기를 보여주었습니다. 놀라웠습니다.

저도 달라졌습니다. 과거처럼 실수나 결과에 일희일비하지 않고 덤덤하게 상황을 받아들였습니다. 칭찬과 격려를 해주는 엄마가 되었습니다. 훈계나 잔소리보다는 따뜻한 응원 한마디, 긍정적인 칭찬이 아이를 스스로 움직이게 하는 원동력이 되었음을 몸소 경험했습니다.

그 덕분인지 4학년 정기 학부모 상담에서는 1학기와 2학기 모두 긍정적인 이야기를 들을 수 있었습니다. 선생님은 아이가 수업 시간에 발표를 조리 있게 하고, 서술형 문제에서도 논리정연하게 장

문의 글을 써냈다며 칭찬을 했습니다. 승부욕이 강한 덕분에 칭찬 스티커 모으기에도 열정적이고 숙제 역시 잘 해온다며 이대로만 자랐으면 좋겠다고 했습니다. 아이는 그대로였고 저만 변했을 뿐인데 많은 것이 달라져 있었습니다.

성적에 연연해하던 모습에서 칭찬하는 모습으로 바뀐 후로 다시는 공부에서 아이와의 관계를 망치는 일을 반복하고 싶지 않습니다. 성적보다 꾸준함이 인생의 큰 무기임을 늘 상기하고 있습니다. 따뜻한 칭찬과 격려가 아이의 행동과 마음을 움직일 수 있게 하니까요.

인생의 모든 것은 습관입니다. 아이의 성적에 혼내고 다그치는 것 또한 저의 습관이었습니다. 틀린 문제를 발견하는 순간, 저의 반복되는 행동 패턴이 무의식적으로 튀어나왔습니다. 아이에게 상처를 주고 혼을 냈습니다. 아이와 저에게 학습이 부정적으로 인식되고 있었던 거죠. 처음에는 아이를 칭찬하는 제 모습이 어색하게 느껴졌습니다. 하지만 한 번, 두 번 반복하자 언제 그랬느냐는 듯 습관이 되더군요. 작은 행동의 변화로 아이와 함께 틀린 문제에도 서로 웃으며 대화를 나누기도 하고 아이 스스로 틀린 문제를 더 파고들어 씨름하는 대견한 모습을 발견할 수 있었으면 좋겠습니다. 저처럼요.

태양과 바람이 지나가는 나그네의 외투를 누가 먼저 벗게 만드는지 내기를 합니다. 우리가 알고 있듯 찬 바람은 나그네의 외투를 벗기지 못합니다. 태양의 포근함이 나그네의 외투를 벗기듯, 열 마디의 차가운 잔소리보다 한 마디의 따뜻한 칭찬이 아이를 움직이게 합니다.

부록

· 초등 혼자 매일 공부 ·

예체능,
손 놓을 수 없다

••

학원 상담의 모든 것: 목적, 상담 요령, 선택까지
0원으로 즐기는 우리 아이 예체능

학원 상담의 모든 것:
목적, 상담 요령, 선택까지

1장에서 꾸준한 예체능 교육이 학습과 발달에 중요하다는 말씀을 드린 바 있습니다. 그렇다면 이 역시 엄마표 집 공부로 할 수 있는 여지가 있을까요? 결론부터 말하자면, 저는 이 부분에 있어서는 어느 정도 사교육을 받는 것이 좋다고 생각합니다. 저는 사교육 비판론자가 아닙니다. 적절한 시기에 하는 유용한 사교육은 분명 많은 도움이 된다고 생각합니다.

다만, 사교육을 시작한다는 것에만 의미를 두면 안 됩니다. 교육의 질이나 방향에 대한 고민이 반드시 동반되어야 합니다.

큰아이를 태권도장에 보냈을 때가 생각납니다. 작은아이를 임신하고 현재 사는 곳으로 이사했습니다. 새로 이사한 집은 6층이었는데, 층간 소음에 신경이 쓰여 큰아이를 마음껏 뛰지 못하게 했습니다. 온종일 집에서 숨죽이며 지내는 아이가 안쓰러웠어요. 그래서 태권도 학원에 보냈습니다.

하지만 그뿐이었습니다. 왜 태권도 학원에 보내야 하는지, 언제까지 보낼 것인지, 아니면 품새는 몇 단까지 딸 것인지 등에 대한 고민 없이 그저 학원만 보냈을 뿐입니다.

목적도 방향도 없이 무작정 시작했던 태권도 학원은 1년을 채우지 못하고 중단했습니다. 가정의 수입에서 일정 금액이 지출되는 거라면 적어도 그 지출의 의미와 포트폴리오를 세웠어야 하지 않을까요.

큰아이가 초등학교 1학년이 되면서 사교육을 적절히 활용해야 하는 시기가 왔습니다. 맞벌이 부모 밑에서 자라는 아이이기에 저희 부부의 퇴근 시간에 맞춰 아이의 하교 시간을 조정해야 했으니까요. 그래서 일반 학습은 집 공부로 하고 예체능은 학원에 보내 배우게 했습니다. 그 첫 번째가 바로 피아노였습니다.

다음은 제가 피아노 학원을 선택할 때 작성했던 상담 일지입니다.

피아노 학원의 필요성

3학년 교과목으로 음악을 배우게 된다. 따라서 그 이전에 악보를 보는 방법을 배워두는 것이 좋다. 무엇보다 아이가 피아노 배우는 걸 좋아한다. 또 우뇌와 좌뇌가 골고루 발달하게 교육해야 한다. 《공부기술》의 저자 조승연 역시 공부 기술을 터득한 후 피아노를 취미로 삼았을 만큼 악기 하나는 깊게 배우는 것이 좋다. 피아노는 우뇌 영역으로 정서 발달에도 도움이 되고 악보를 이해함으로써 수학과 연계성도 높다.

기간 : 최소 3년

피아노 학원 상담 일지

방문 일자 상호	장점	단점
16.02.03 단지 내 공부방	· 1:2 수업으로 수업의 밀도가 높음 · 같은 아파트 단지여서 이동 거리의 최소화	· 피아노가 주전공이 아니라 부전공이라서 신뢰도가 떨어짐 · 주위 음악 학원보다 수업료가 저렴하지 않음 · 오픈한 지 얼마 되지 않아 아이들을 지도한 경험이 적음 · 현재 아이의 피아노 실력이 월등하지 않아 기초 수준인데 집과 같은 분위기에 갇혀서 수업을 받으면 답답하고 지루할 가능성이 있음. 즉 재미와 흥미를 오히려 잃게 될 가능성이 있음
방문 일자 상호	장점	단점
16.04.07 ○○○ 음악 학원	· 지역 카페 및 주위 엄마들의 입소문이 좋음. 원장이 대학교수 출신이고 열정이 넘친다고 함 · 아이의 유치원 절친 중 특히 교육열이 있는 부모의 아이들이 다니고 있음 · 1주일에 한 번씩 원장과 1:1 특별 수업이 있음 · 초등 고학인 사춘기 아이들의 케어가 유용할 것 같음	· 원장의 프라이드가 너무 강함 (자신의 마음에 들지 않는 엄마를 거절할 권리가 있다고 함) · 원장의 마인드가 부정적임 (현재 학원에 다니는 아이들에 대해 긍정적인 이야기는 하지 않고 부정적인 이야기를 함) · 사전 조사한 원비 가격이 다름

16.04.08	· 담임제로 이루어져 수업하는 방식이라 좋다고 함 · 원장이 차분하고 침착한 성격의 소유자라 상담하기 편함	· 오픈한 지 얼마 되지 않아 평판이 없어서 여러 미지수 존재 · 담임제이므로 담임이 자주 바뀔 경우 어려움이 있음
××× 음악 학원	· 수업료가 비교적 저렴하고, 특별 수업도 무료로 서비스 지원 · 수업 시간이 1시간 10분으로 공부 시간이 제법 알참	
16.04.08	· 학교와 집 근처에 있어서 거리상으로 이동이 편리함 · 현재 학교를 중심으로 한 학원이어서 학교 친구들과 자주 어울릴 수 있음 · 교사의 칭찬보다 원장의 성격이 좋다는 칭찬이 많음	· 교사가 자주 바뀐다는 평이 많음 · 놀이터 수준이라는 평이 있음
△△△ 음악 학원		

이렇게 장단점을 나열해보니 나름의 기준과 판단이 섰습니다. 주위 엄마들의 말에 흔들리지 않고 객관적으로 검토할 수 있었습니다. 구체적인 목적과 이유가 세워졌으니까요. 그렇다면 언제 그만둘지 기준도 서고요. 결론적으로 저는 세 번째 상담받은 학원을 선택했습니다. 그렇게 해서 다니기 시작한 학원을 5년째 꾸준히 다니고 있습니다.

피아노를 배우기 시작하면서 미술 학원에도 등록을 했습니다. 제 퇴근 시간에 맞춰서 아이가 다니는 학원 스케줄을 조정하게 위해 피아노는 주 3회, 미술은 주 2회로 계획했습니다.

처음에는 미술 학원의 필요성을 느끼지 못했습니다. 아이가 표현하고 싶은 대로 마음껏 그리거나 색칠하는 표현 활동이 지금 아이에게는 최적의 미술이라고 생각했으니까요. 하지만 생각이 바뀌게 된 계기가 있었습니다.

큰아이가 유치원을 졸업할 무렵 담임 선생님이 생활 통지표에 '미술에 대한 자신감이 부족하고 스스로 못한다는 생각에 시도조차 하지 않으려고 합니다'라고 쓴 글을 보고 생각이 바뀌었습니다. 돌이켜보면 평소에 스케치북에 그림을 그릴 때마다 저에게 대신 그려달라고 했죠. 담임 선생님의 말씀대로 아이는 친구들보다 미술을 잘하지 못한다는 생각에 자신감이 부족한 상태였습니다.

자신감 부족으로 시도조차 못하는 아이를 보고는 미술에 대한 경험치를 높여서 자신감을 길러주는 일이 중요하다고 생각했습니다. 그 후 큰아이는 미술 학원에 가는 날을 손꼽아 기다리게 되었습니다. 그리고 그림도 전에 비해서 세밀해지고 자신감도 넘쳤습니다. 자동차를 워낙 좋아하는 아이라 자동차 그림을 그려서 친구들에게 선물해주기도 합니다.

교과 공부에 조금 더 신경을 써야 하는 3학년 때는 학기 중이 아닌 방학을 이용해 미술 학원에 보냈습니다. 제가 아이를 미술 학원에 보낸 것은 그림을 잘 그리라는 욕심보다는 경험치를 높여서 스스로 만족할 수 있는 작품을 그려내는 동안 성취감과 보람을 조금이라도 더 느껴보길 바라는 마음에서였습니다.

적기에 하는 것이 가장 빠르다는 것, 그리고 무조건 사교육을 반대하기보다는 적절히 이용하는 것이 현명한 교육이 되기도 합니다. 다만, 구체적인 계획과 목표가 있다면 중도에 포기하는 일도, 다른 것에 한눈파는 일도 줄어들지 않을까요?

시작하기 전에 구체적인 이유와 목적부터 고려해보세요. 엄마의 막연한 불안함과 조바심이 아닌 필요성과 목적부터 생각해보면 조금 더 현명한 교육관을 세울 수 있습니다. 그리고 이것을 바탕으로 엄마의 교육 로드맵을 구체적으로 그리는 순간, 주위 엄마들의 말에 흔들리지 않는 교육 철학을 세울 수 있습니다.

0원으로 즐기는
우리 아이 예체능

초등학생이 되면 예체능 학원 하나 정도는 다니기 시작합니다. 그중에서도 단연 피아노, 태권도, 미술이 주를 이룹니다. 큰아이도 초등학교 1학년 때 피아노 학원과 미술 학원에 다니기 시작했습니다. 초등학교 저학년 때는 배우는 과목의 수가 많지 않고 시간 여유가 있어 예체능에 집중할 수 있는 최적의 시기이니까요.

초등학교 1, 2학년까지만 해도 국어, 수학, 그리고 통합 과목을 배웁니다. 하지만 3학년이 되면 상황이 달라집니다. 통합 교과목이 사회, 도덕, 과학, 음악, 미술, 체육, 영어 과목으로 세분화됩니다. 이렇게 학습에 대한 부담감이 높아지면 많은 아이들이 예체능 학원에서 영어 학원이나 수학 학원으로 바꿉니다.

하지만 저는 아이가 고학년이 되어도 예체능은 손 놓을 수 없는 과목이라고 생각합니다. 예체능은 단기간에 치고 오를 수 있는 과목이 아니라 거듭되는 훈련과 오랜 반복이 필요한 과목이니까요. 원하는 결과를 얻으려면 시간과 노력이 필요합니다. 요행을 바랄 수 있는 과목이 아니라는 말이죠.

좌뇌: 언어, 계산, 논리, 분석, 이성
우뇌: 직감, 창조, 공간 인식, 감성

우리가 흔히 예체능이라고 말하는 미술, 음악, 체육은 우뇌에 해당하는 발달 영역이고 국어, 사회, 영어 등 언어 위주 과목은 좌뇌에 해당하는 발달 영역입니다. 주위 엄마들을 보면 초등 저학년 때까지는 우뇌 발달에 치중하다가 고학년이 되면 점점 좌뇌 발달에 집중하는 모습을 볼 수 있습니다. 좌뇌나 우뇌 어느 한쪽에 치우치지 않고 양쪽이 톱니바퀴 맞물리듯 균형 있게 발달해야 합니다. 그래서 예체능은 고학년 때까지도 꾸준히 이어가야 합니다.

프랑스 소르본 대학 생명공학 연구 초빙 교수인 니콜라스 바이스슈타인이 쓴《상위 1% 자녀로 성장시키는 부모의 교육법》에 따르면, 유아 시절부터 총명함을 인정받고 중학교까지 꽤 괜찮은 성적을 거두다가 고등학교에 올라가자마자 성적이 뚝 떨어지는 아이들이 있는데 바로 암기 위주의 좌뇌식 선행 학습의 부작용이 나타난 단적인 예라고 합니다.

중학교까지는 좌뇌에 의한 암기력으로 어느 정도 학교 수업을 따라갈 수 있지만 고등학교 이상이 되면 깊고 빠른 이해와 창조적인 응용력을 필요로 하기 때문에 우뇌의 도움 없이는 적응이 불가능하다는 것이죠. 따라서 좌뇌 중심의 암기 교육을 시켰기 때문에 우뇌가 상대적으로 덜 발달해 있는 아이들은 고등학교 수업 과정을 따라가는 데 한계를 드러내게 됩니다.

그렇다면 고등학교 때 서둘러서 우뇌를 발달시키면 되지 않겠느냐고 하겠지만, 유치원이나 초등학교 때의 두뇌 발달 속도는 고등학생의 두뇌 발달 속도를 한참 앞서기 때문에 시간적인 여유가 많지 않습니다. 더불어 우뇌의 특성상 장기간에 걸쳐 능력을 드러내기 때문에 단기간에 따라잡는다는 것은 현실적으로 불가능하다고 볼 수 있습니다.

쉽게 말해서 좌뇌는 지능지수가 높아 암기 과목에 강하고, 우뇌는 감성지수가 높아 예체능에 강하기 때문에 학년이 높아질수록 오히려 창조적 응용력을 키우려면 초등학교 때부터 꾸준히 감성지수를 키워야 한다는 말과 같습니다.

초등학교 고학년에도 예체능 교육은 중요한 뇌 발달 영역 중 하나라고 생각합니다. 앞서 말했듯이 예체능은 우뇌 특성상 장기간에 걸쳐 능력을 드러내기 때문에 꾸준히 교육해야 하는 과목 중에 하나라고 말입니다.

그리고 무엇보다 과거와 달리 시대가 급변하고 있습니다. 산업 현장에서나 볼 수 있었던 로봇이 우리 일상 속에 깊숙이 파고들고 있습니다. 로봇 청소기는 물론, 인공지능 스피커가 인간의 말을 알아듣고 대화가 가능하며 심지어 온라인 쇼핑몰 결제 등 인간의 역할을 대신하고 있습니다. 일상생활뿐만 아니라 앞으로는 인공지능 AI이 인간의 수많은 직업을 대체할 것이라고 합니다. 그렇다면 인공지능 시대에도 살아남을 직업군과 사라지게 될 직업군은 무엇일까요?

자동화 대체 확률이 큰 직업	자동화 대체 확률 작은 직업
1위 콘크리트공	1위 화가 및 조각가
2위 정육원 및 도축원	2위 사진작가 및 사진사
3위 고무 플라스틱 제품 조립원	3위 작가 등 관련 전문가
4위 청원경찰	4위 지휘자, 작곡가, 연주가
5위 조세 행정 사무원	5위 애니메이터 및 만화가

출처: 한국고용정보원

위의 표를 보면 자동화 대체 확률이 작은 직업이 대부분 예술 및 창의성과 직결되어 있습니다. 인공지능이 발달하더라도 음악, 무용, 미술 등은 대체가 어렵다는 결론에 도달합니다.

미국 명문 예술 대학 링링예술대학의 래리 톰프슨 총장은 AI 시대에 창의성은 더욱 중요해진다고 강조했습니다. 창의적인 사고는 인간만이 할 수 있다는 이유에서입니다. AI 시대에 대비하기 위해서는 창의성을 비롯한 우뇌 역량을 기를 필요가 있으며, 이는 미래 사회에서 필요한 역량이 될 것이라 내다봤습니다.

따라서 학습에 대한 조급함을 조금 누르고 그만큼 예체능 교육에 힘쏟는다면 장거리 교육 레이스에서 든든한 힘이 되어줄 것이라고 믿습니다.

이제는 과거와 달리 주입식 교육이나 정해진 답을 도출하는 획일화된 시험이 아니라 다양한 결론을 도출하고 창의성이 중요시되는 미래에 맞춰서 예체능 역시 소홀히 할 수 없는 과목임을 강조하고 싶습니다.

0원으로 즐기는 예체능 사이트 모음

지방에 거주하는 사람은 서울 및 수도권 지역처럼 문화적 혜택을 누리기가 쉽지 않습니다. 하지만 문화적 혜택을 누리기에는 제약이 많은 지방 도시에 살고 있어도 유튜브를 잘 활용한다면 어느 정도 아쉬움을 달랠 수 있습니다.

서울역사박물관

【 사이트 】 https://museum.seoul.go.kr

【 유튜브 】 https://www.youtube.com/channel/UCxNHsypbJL6L97ORT-IhLAw

서울역사박물관 유튜브 채널에서는 박물관에서 전시하고 있는 작품의 이해도를 높이기 위해 전시 해설 영상을 제공하고 있습니다. 전시 해설사가 직접 VR을 이용하여 전시 공간을 소개하며 해설을 진행합니다. 품격 있는 해설 덕분에 작품에 대한 역사적인 배경이나 지식을 조금 더 쉽게 이해할 수 있습니다.

그뿐만 아니라 서울역사박물관 홈페이지의 온라인 전시관에서는 누구나 집에서도 마치 박물관에 방문한 것처럼 생생하게 전시를 관람할 수 있는 VR 서비스를 제공하고 있습니다.

서울시립교향악단

【 사이트 】 https://www.seoulphil.or.kr

【 유튜브 】 https://www.youtube.com/user/seoulphil1

서울시립교향악단 유튜브는 수준 높은 공연 콘텐츠를 제공합니다. 주목할 만한 콘텐츠는 서울시립교향악단과 EBS가 힘을 합쳐 진행하는 온라인 음악 콘서트 [EBS×서울시향]VR오케스트라입니다. 교과서 필수 청취 음악 중 10곡을 연주하고 이를 영상으로 제작하여 유튜브 채널에 올렸습니다. 해당 영상은 VR 영상으로 제작되어 더욱 생생하게 현장 분위기를 느끼며 감상할 수 있습니다.

세종문화회관

[사이트] https://www.sejongpac.or.kr

[유튜브] https://www.youtube.com/user/sejongpac

세종문화회관 공식 유튜브 채널입니다. 국악, 뮤지컬, 무용, 오케스트라, 오페라 등 다양한 음악을 접할 수 있을 뿐만 아니라, 각 장르별 이론적인 공부까지 할 수 있는 알찬 영상들이 올라옵니다. 무엇보다 일반인이 접하기 힘든 백 스테이지 스토리나 배우들의 인터뷰 및 공연 라이브 방송까지 감상할 수 있습니다.

V CLASSIC

[사이트] https://channels.vlive.tv/EC8255

이름이 특이합니다. 아티스트들의 멋진 연주를 마치 공연장에서처럼 생생하게 시청할 수 있습니다. 공연 실황을 생중계하는 방송도 있고, 전국 각지에서 열리는 공연의 하이라이트 등 아티스트들의 연주 장면을 만나볼 수 있는 채널입니다.

우리 아이, 사실 나처럼 되지 말라고

저는 초등학교 6년 내내 공부란 걸 제대로 해본 적이 없습니다. 부모님은 생계 때문에 제 학습에 신경 써주실 여력이 없으셨어요. 그나마 첫째라고 어려운 형편에도 매일 아침 문 앞에 아이템풀 학습지가 배달되는 특혜를 누리게 해주셨죠. 그땐 다들 어려워서 그랬을까요? 새벽에 우리 집 앞에 배달된 학습지를 누군가 빼내서 문제를 다 풀고 심지어 채점까지 해서 다시 가져다놓곤 했습니다.

그게 어릴 때는 마냥 좋았습니다. 공부 스트레스가 없었으니까요. 실컷 늦잠을 잘 수 있다는 이유만으로 방학을 기다렸습니다. 하지만 친구들은 얼굴빛이 어두웠습니다. 그 이유를 물어보니 통지표를 가져가면 아빠에게 야구 방망이로 맞는다고 하더라고요. 반면 저희 부모님은 제가 공부를 안 해도, 시험 기간에 동네 친구들과 실컷 놀아도 공부하라는 잔소리를 안 하셨죠. 통지표에 집에 가라는 성적이 나와도 아무 말씀도 안 하셨습니다.

그런데 중학생이 되면서 상황이 달라졌습니다. 옆자리에 앉은 짝은 돌돌이 안경을 쓰고 도서관과 독서실을 다니는 전형적인 모범생이었던 겁니다. 친구 따라 강남 간다고 저도 친구 따라 도서관과 독서실을 다녔습니다. 그런데 공부 방법을 모르겠더군요. 그래서 모범생 친구가 하는 방식대로 깜지도 열심히 쓰고, 교과서가 바스락 소리가 날 정도로 교과서에 연필로 동그라미를 무한 반복 그리며 달달 외웠습니다. 그에 따른 훈장으로 중지에 굳은살도 박혔습니다.

그렇게 노력한 덕분에 성적이 늘 밑바닥이던 저는 처음으로 반에서 8등을 했습니다. 그러자 친구들이 커닝 의혹을 제기했습니다. 단박에 성적이 올랐으니 의심 어린 눈초리로 대하는 건 당연했겠죠. 하지만 다음 시험에서도, 그다음 시험에서도 10등 안에 들자 커닝 의혹은 사라졌습니다. 이제 제 평소 성적이 된 거죠.

하지만 문제는 있었습니다. 암기 과목은 괜찮은데 수학, 과학, 사회가 따라가기가 힘들었습니다. 초등학교 6년 내내 공부를 안 하고 놀았으니 기초가 부족했던 거죠. 수학은 선행보다 선수 학습이 기본이 되어야 하는데 기초가 부족해서 학습 진도를 따라가기가 버거웠습니다. 사춘기가 되면서 '국어 선생님'이라는 꿈도 생겼는데, 이해력도 부족하고 기초도 약해서 맨땅에 헤딩하는 기분이었습니다.

그때 부모님을 참 많이 원망했습니다. 초등학교 때 자기주도 학습 습관을 잡도록 조금이라도 도와주셨다면 얼마나 좋았을까. 그러면 이렇게 뒤늦게 힘들어하지 않아도 되었을 텐데. 당시 학원 다니는 친구들이 부러웠습니다. 저는 학원을 오래 다녀본 적이 없습니다. 형편이 좋아지면 다녔다가 안 좋으면 끊었다가 뭘 하나 진득하게 해본 게 없어요. 미술 학원도, 방문 학습지도, 당시에 유행했던 주산·암산 학원도요. 그러다 형편이 좀 나아져서 학교 앞 학원을 잠깐 다녔습니다. 학원에서 내준 숙제를 푸는데 학교 시험에서 똑같은 문제가 나온 겁니다. 그게 족보더라고요. 그때는 몰랐습니다. 학원을 더 다니고 싶었지만, 엄마는 형편이 좋지 않아 안 된다고 하시더라고요.

그러다 공부를 하면서 요령이 생기고 선생님의 출제 패턴도 알게 되었습니다. 나중에는 전교 등수가 100등 이상 올라서 이른바 '학력 진보상'을 탔습니다. 그 이후 담임 선생님은 하교 후 저에게 조용히 교사용 문제집을 건네주셨습니다. 교사용 문제집은 학생인 우리가 접하는 문제집과 달리 문제 아래에 바로 답이 있어서, 지우개로 답을 가리고 문제를 풀어야 했습니다.

공부를 하고 성적이 좋아지니까 주위에서 대접이 달라졌습니다. 공부를 썩 잘하는 우등생은 아니었지만, 열심히 하는 학생으로 인정해주고, 선생님의 애정으로 교사용 문제집도 받게 되었고요. 좋았습니다. 공부가 자존감으로 연결된다는 것도 깨달았습니다. 고등학교 때는 친구들에게 수학 문제를 가르쳐주는 시간이 참 뿌듯했습니다.

그래서 저는 집 공부를 합니다. 아이가 어릴 때의 저처럼 학습 습관이 들어 있지 않아서 고생하지 말라고요.

공부는 누가 하라고 해서 할 수 있는 게 아닙니다. 맞습니다. 공부는 아이가 스스로 해야 합니다. 하지만 외적 동기 부여나 흥미 유발은 부모님에게 달려 있습니다. 공부 방법을 모르는 아이가 알아서 하기를 기다리거나, 학원에만 맡기고 '선생님이 알아서 해주시겠지' 하는 것은 방임에 가깝습니다.

아이의 학습이나 공부는 가늘고 길게 가려고 합니다. 내 아이가 영재나 우등생, 모범생이 되기를 바라서가 아닙니다. 제 욕심을 채우기 위해서는 더더욱 아니고요. 이런 그림으로 그리면 집 공부는 아이에게도 엄마에게도 험난한 여정으로 이어질 뿐입니다. 큰 그림을 그려야 멀리 갈 수 있다고 생각합니다. 교육은 평생 달려야 하는 아주 긴 마라톤이니까요.

아이에게 말합니다. 저처럼 꿈이 생기고 목표가 생겼을 때 공부 기초가 부족해서 고생하지 말라고요. 그리고 공부는 너 하기에 달려 있다고요. 오늘도 아침에 조금 일찍 일어나 아이와 문제집을 푸는 이유입니다.

초등 혼자 매일 공부

초등 혼자 매일 공부

1판 1쇄 발행일 2020년 12월 22일
1판 2쇄 발행일 2021년 1월 2일

지은이 김은영

펴낸이 金昇芝
편집 김현영
디자인 프롬디자인

펴낸곳 블루무스
출판등록 제2018-000343호

전화 070-4062-1908
팩스 02-6280-1908
주소 서울시 마포구 월드컵북로 400 5층 21호
이메일 bluemoosebooks@naver.com
블로그 blog.naver.com/bluemoosebooks
인스타그램 @bluemoose_books

©김은영, 2020

ISBN 979-11-968481-7-0 13590

블루무스는 일상에서 새로운 시선을 발견해 현재를 더욱 가치 있게 만들고자 합니다.